U0311112

Insight

庠姞書局 選書

扫描书中二维码，观看更多鸟图片。

网开一面，你就会领受到莺歌燕舞，鸾凤和鸣！

鸟瞰

郭耕 著

科学普及出版社·北京

目录

夏之鸟羽

秋之鸟影

冬之鸟语

后记

鸟瞰×郭耕

前奏：假如我是一只鸟

前不久，科学普及出版社的杨虚杰女士约我为书市读者写几句感言，于是我就写下这样一席话："书籍，是我格物致知的精神食粮；写作，使我惜物护生的个性张扬。"

回味个性张扬的作品很多，让我感触最深的《假如我是一只鸟》这首诗，作品产生的背景是这样的。

去年春季，赴湖北京山参加爱鸟周活动，举办地的爱鸟护鸟气氛极其热烈，可谓旌旗招展，人头攒动，载歌载舞，喊声震天。领导出席，嘉宾如云，这样举全县之力，树爱鸟风气，实在是难能可贵！

京山之下的一个镇叫三阳，当地古有护鸟之俗，今有观鸟之风，所以在三年前我来此观鸟，耳闻目睹后，至为感动，挥笔成文《湖北三阳，观鸟天堂》，后来此文有幸被纳入当地的校本教材中。

在京山举行爱鸟周盛会的次晨，我早起观鸟，行至火车站后面，在其派出所附近，发现一张粘网，上面挂着几只死鸟，于是，我以派出所为背景，网上死鸟为前景，拍下了这幅极不和谐的场面。回到住处早餐时，我还对刚才目睹的情景耿耿于怀，甚至在给同伴们念叨这件事时，就不住地说："假如我是一只鸟，希望你不光对我歌唱，口头颂扬，还应从具体行为上爱护……"并且掏出手机，将这些发自内心、真情流露的话语整理成诗句，记录为短信，在回程的火车上，斟酌推敲，便形成了这篇诗文形式的作品：

网上之悲 白头鹎

《假如我是一只鸟》
假如我是一只鸟，
不仅希望你为我歌唱，
更乞求你拆去罗网。

假如我是一只鸟，
不仅希望你挥洒画笔，
更乞求你遏止杀机。

假如我是一只鸟，

不仅希望你为我舞蹈，

更希望得到相安无事的祈祷。

假如我是一只鸟，

不仅希望得到你的赞美和膜拜，

更乞求你高抬贵手，免开尊口，

不抓、不吃、不笼养、不买卖。

假如我是一只鸟，

感谢你对我做的一切好意善举，

我会以加倍的美好回报，

给你更多的莺歌燕舞、鸾凤和鸣！

假如你真想"让鸟自由飞翔"，

就请销毁夹子、毒饵、枪弹和笼网，

作为"美丽中国"会飞的名片，

我会用双翼托起生态文明的希望。

郭耕

2014年11月于北京

自序

　　多年的观鸟、摄鸟心得，自然而然使我产生了"借助鸟眼看世界"的换位思考。每逢登高临风，都要俯瞰一番，特别在乘坐飞机的时候，更是选择靠窗座位，以便"鸟瞰大地"。这样的鸟瞰，不仅能获得一种全新的视角，更能把你似曾熟悉的地方，从一种完全陌生的角度再看看。

　　比如，几次从南苑机场起飞，一旦飞机飞越南海子上空时，我都目不转睛地欣赏我工作了十几年的场所——麋鹿苑，感觉自己就像一只鹰飞过。平常，在麋鹿苑所见的悬于高空的鹰，甚至比我现在飞的位置都不低，只是俯瞰万物的鹰的双眼更为犀利敏锐罢了。

每每飞临首都机场附近的上空，我都会注意一个地方——汉石桥湿地。这里有一个奇特的现象，疏密相宜的水网俨然一个草书的"龙"字，龙行于水，我曾撰写《湿地与中国龙文化》一文，龙字与湿地的主题十分契合，妙不可言，而这偌大的一个"龙"，只有鸟瞰，方能赏到，不知是人的特意所为，还是天意偶得。

利用乘坐飞机的机会鸟瞰大地，更能使我感到天高地阔，攘攘熙熙，世事匆匆，人车如蚁。我们在城市、单位、住地，满眼所见多是人这个物种以及遍布的人工物品，以为这就是整个世界。这样难免不以自我为中心，甚至志得意满地认为人类才是最聪明、最文明、最会爱、最有情的生物，甚至说什么"人非草木孰能无情"，眼光犹如井底之蛙。诗人熊鉴一语道破："草木原来最有情，为生而死为生生，天人互爱时方泰，物我相戕祸乃成。"

在关于生态文明的讲座中，我每次都要展示一帧地球图片，并与大家从时空两个维度思考一下人与地球的关系。从时间维度，地球不仅属于当代人，还属于子孙后代，这就涉及一个明智的理念"可持续发展"；从空间来说，地球母亲绝非只有人类一个独子，她孕育的生命种类达数百万种，人只是其中一种，这就涉及一个重要概念"生物多样性"。

前不久中央电视台播出了一部记录片《鸟瞰地球》，该影片从一个特殊的视角跟随采访者雅安·阿瑟斯·伯特兰走访了世界上仅存的一些生态保持原始状态的地区，观察这些地方遭到的侵蚀，探讨人类对森林的过度破坏，以及由此产生的恶果。生物多样性被破坏，最终受害的是人类自身。导演希望能通过本片呼吁全世界，呼吁全人类，森林是我们与万物赖以生存的生命线，减少森林的破坏也有利于减缓全球变暖，请爱惜生态家园，保护我们的地球。

说到鸟瞰地球，我听过这样一个思维转换的小故事：那是一次多国联合的航天之旅，来自法国、日本、美国的几位宇航员一同乘坐飞船升上了太空。第一天，距离地球不算太远，航天器飞过时，他们分别寻找着自己的国家，说：这是我的家——法国、日本、美国。第二天，航天器离地球远了一些，他们只好分别指着欧洲、亚洲、美洲，说：这是我的家、我的家、我的家。第三天，渐行渐远，地球看起来已经是一个小小的点，各国宇航员异口同声地说：这是我们的家！当然，我想，如果一只老虎或老鼠也在这个飞船上，它也完全有资格这样说：地球，也是我的家！

是啊，地球是我们的家，我们唯一的家，但她只属于我们吗？回答这个问题我们太需要从时空两个方面思考，一是她并非只属于我们当代人，而是属于千秋万代；二是地球绝非只属于我们人类，目前，地球上仅被我们认知的物种就有190万个，人类只是其中之一，我们都是地球母亲的孩子呀。

观鸟换位思考，避免鼠目寸光，鸟瞰缤纷世界，选择智慧人生。

此时，那英的一首歌的旋律在我胸中回响，歌词写得是那样情真意切，好似道出了我的心声：

借我借我一双慧眼吧

让我把这纷扰看得清清楚楚明明白白真真切切

借我借我一双慧眼吧

让我把这纷扰看得清清楚楚明明白白真真切切

雾里看花水中望月你能分辩这变幻莫测的世界

涛走云飞花开花谢你能把握这摇曳多姿的季节

借我借我一双慧眼吧

让我把这纷扰看得清清楚楚明明白白真真切切

借我借我一双慧眼吧

让我把这纷扰看得清清楚楚明明白白真真切切

借我借我 一双慧眼吧

让我把这纷扰看得清清楚楚明明白白真真切切

郭耕

2015年6月于北京

鸟瞰×春之鸟鸣

春天，万物滋育，鸟兽皆鸣，我们似乎还喜欢把动物们这时的发情之声唤作"叫春"。出于对鸟类的关注，我觉得，早春二月在北京经常听到的鸟鸣就是啄木鸟那"两长一短"的啼鸣了。当然，还会伴着"嗫嗫"的凿击树干的声响，那是典型的春的节奏，每逢此刻，我都有一种的莫名其妙的暖意与春心似水的柔情。

古人对自然的领悟尤其深刻，表现于诗歌中的鸟语，俯拾皆是，如我们熟悉的"春眠不觉晓，处处闻啼鸟"(孟浩然：《春晓》)；"月出惊山鸟，时鸣春涧中"(王维：《鸟鸣涧》)；"感时花溅泪，恨别鸟惊心"(杜甫：《春望》)。"千里莺啼绿映红，水村山郭酒旗风"（杜牧《江南春》），每每在我身处江南时，便生发类似的诗情画意……而最引人入胜又细腻入微的，当属贾岛的这首"惊蛰鸟诗"了。

《义雀行和朱评事》

(唐)贾岛

玄鸟雄雌俱，春雷惊蛰余。

口衔黄河泥，空即翔天隅。

一夕皆莫归，哓哓遗众雏。

双雀抱仁义，哺食劳劬劬。

雏既逦迤飞，云间声相呼。

燕雀虽微类，感愧诚不殊。

禽贤难自彰，幸得主人书。

[春季篇] 湖北三阳观鸟天堂

三阳观鸟2007\3\31午（湖北观鸟会）

比赛结果,比赛时间从下午2点~ 6点。

三阳镇的鸟类资源比较丰富，现在还有好些夏候鸟还没到来：寿带、小灰山椒鸟、黑枕黄鹂、暗灰鹃鵙等，我们还需要进一步调查。

这是中国腹地一处极其普通的村镇——湖北省荆门市京山县三阳镇。但是，在其乡间穿行，阡陌尽头，柳暗花明，令我目不暇接的，是百啭千移、众禽竞鸣的燕语莺声，简直是没有笼子的鸟语林。听说，这里的百姓历来就有不打鸟的风俗，令人钦佩，而更令人钦佩的是，那人鸟相近的情景，尤其是本地少年"见鸟识名"的本领，回到北京，我还沉浸在那难以忘怀的、奇异的所见所闻中。

　　2007年3月末，受自然之友武汉会员徐大鹏老师及其所在地的湖北省野生动物保护协会之邀，我利用周末休假，从北京西站乘直快77次列车直达武汉。我与来自武汉七所学校的几十名师生及武汉观鸟会的朱觅辉等十来位观鸟"大侠"，分乘两辆大巴，奔赴观鸟比赛的现场——三阳镇。3个小时的路程，还没到目的地，我就对窗外的景致赞赏起来，但见低山拥翠，潭水映树，屋舍掩竹，还伴和着鸡鸣犬吠。车窗外，不断有鸟影掠过：八哥、椋鸟、家燕、金腰燕、戴胜、翠鸟、喜鹊、鹁鸪、树麻雀、白鹭、伯劳、白颈鸦、白头鹎、斑鸠、小鸊鷉、环颈雉……每次观鸟，都是这样，从途中就开始了。

　　下午，在"半亩方塘一鉴开，天光水影共徘徊"的三阳小学门口，拉开了湖北省爱鸟周暨第三届观鸟比赛的序幕，九支小学生代表队分头出发了。我和本次活动的资金赞助人、深圳企业家詹从旭先生（也是身手不凡的观鸟者）带着望远镜，随意地跟着一队学生向乡间走去，不料，这些来自本地农村小学五六年级的参赛者，让我耳目一新，眼界大开。

开始，我没把这些稚气未脱的毛孩子当回事，但见这些个头低矮的乡村小童，个个胸挂望远镜，手持鸟类图册，怎么瞧，都觉得不太协调，甚至怀疑是摆样子的。谁知，一进村，他们如鱼得水，一见鸟，他们如数家珍。起初，丝光椋鸟、珠颈斑鸠、家燕、八哥、小鸦、三道眉草鹀、金翅雀、白眉鸫、普通翠鸟等比较常见的鸟被记录下来，就算是我们同时看到的吧。

很快，在一些至少对我来说是陌生的鸟种面前，小家伙们就开始大显身手了。看到一只黑白相间、尾巴短短、比喜鹊小好些的鸟，孩子们精准地称呼：鹊鸲；面对一些小巧鸣禽，我还在犯嘀咕，一男孩用余光一瞥随即告诉我：是褐头鹪莺；指着一丛灌木，一个秃小子说：看！北红尾鸲。我用望远镜搜寻着，果然发现，一只美丽的雄性北红尾鸲在丛中纹丝不动；天际，一只黑色的猛禽掠过，孩子们随口道来：黑耳鸢；远远的树端上，一只大鸟的身影闪过，孩子张口说出：白颈鸦；此外，领雀嘴鹎、松鸦、黑脸噪鹛、乌鸫、红嘴蓝鹊……几乎都是小同学们先看到的，他们不但眼尖嘴快，而且，难能可贵的是，都能用标准的学名而非土名称呼鸟类，实在出我意料。我们同行的七八个小顽童，在连打带闹，有说有笑中，不出几个小时，就记录下30多种鸟，尽管半路上还受到一群记者的骚扰采访——摆拍，但这支乡村小学的观鸟队最终还是脱颖而出，在规定时间圆满完成任务，获得了本次观鸟比赛的一等奖。

令我高兴的是，我是不期然地结识了他们，并且，在发给他们的奖品中，有我去年编写的书《鸟语唐诗300首》。晚上，我应邀为大家做了题为"鸟与唐诗"的讲座，但我总觉得有些底气不足，因为，与乡村生长却技艺娴熟、对观鸟信手拈来的小"天使"相比，我是自惭形秽啊。

听说三阳镇的支柱产业是板栗、香菇，的确，我们所到之处，栗树漫山，香菇成架，一派"鸟来鸟去山色里，人歌人哭水声中"的田园意境。欣慰的是，现在镇上的人们已经意识到，观鸟也是三阳的一种资源，而且，具备"天时地利人和"的优势，从三阳走出去的企业家詹从旭先生，为了家乡的发展，几年来不断给予各种支持，但三阳的人们应该意识到，他给予大家的不仅是资金，还应吸取他带来的环保意识、教育理念和前瞻的观念：保护中的发展，这完全符合"生态良好、生活富裕、生产发展"的新农村发展方向。三阳的"鸟资源"是得天独厚的，这为其生态旅游发展提供了可能，尤其是人的资源优势——少年观鸟者。十年来，我为观鸟走过不少地方，但是，能在这样一个如此名不见经传的小村镇、在不到半天的时间里，观察到这么多种鸟，更见识了这些来自三阳小学的乡村小童高超观鸟技法，不得不由衷地感叹，湖北三阳，观鸟天堂！

附：2007年3月31日下午在湖北三阳镇所观鸟类56种（武汉观鸟会提供）

雉鸡/灰头绿啄木鸟/戴胜/普通翠鸟/山斑鸠/珠颈斑鸠/黑水鸡/鹤鹬/黑耳鸢/小䴙䴘/白鹭/棕背伯劳/松鸦/红嘴蓝鹊/灰喜鹊/喜鹊/大嘴乌鸦/白颈鸦/乌鸫/斑鸫/红胁蓝尾鸲/鹊鸲/北红尾鸲/红尾水鸲/黑喉石䳭/丝光椋鸟/灰椋鸟/八哥/大山雀/银喉/长尾山雀/红头/长尾/山雀/家燕/金腰燕/领雀嘴鹎/白头鹎/纯色鹪莺/暗绿绣眼鸟/强脚树莺/黄腰柳莺/黑脸噪鹛/棕头鸦雀/山麻雀/[树]麻雀/白鹡鸰/灰鹡鸰/树鹨/水鹨/白腰文鸟/燕雀/金翅[雀]/黑尾蜡嘴雀/三道眉草鹀/白眉鹀/小鹀/黄喉鹀/灰头鹀

[春季篇] 清明鹿苑 动物公墓

下周就是清明节了，

麋鹿苑为迎接一年一度的具有生物多样性警示教育的"清明，

为灭绝动物扫墓"活动，29日上午，

我们特意为观鸟者一行及来自金海学校的师生安排了植树方式的扫墓，

在麋鹿苑的世界灭绝动物公墓，

同学们献上花圈的同时还为灭绝的生灵植下苍松翠柏。

早春三月，万物复苏，鹿苑湿地，九曲流觞。下周即为北京市一年一度的爱鸟周，自然之友"鸟学院"数十人将在北京麋鹿苑开展一场别开生面的观鸟活动，时间为：2009年3月29日7：30—10：30。位于京南五环外的麋鹿苑，既有湿地，也有林地，既有散养的麋鹿等哺乳类动物和水禽，更有野生的鸟类；既有自然美景，也有人文展示，还有一些鸟主题的景观设置，如饮鹿池前的观鸟台、世界鸟类迁徙地球仪等，充分体现了麋鹿苑的生物和文化的多样性。

　　观鸟是目前风行世界的一项户外活动。在欧美，每逢假日，人们便相约而行，前往户外观赏野鸟。英国、丹麦、瑞典、法国、德国等国家每年都有数百万人观鸟；美国全年有400万人次观鸟或进行观鸟旅游，其人数超过狩猎、钓鱼、高尔夫运动，成为仅次于园艺的第二大户外运动。近年，日本、泰国、新加坡、马来西亚及我国港台地区的观鸟之风方兴未艾。我国大陆也开始出现"观鸟族"，人们纷纷轻装简行去体验"人鸟相观、天人共契"的乐趣。

　　观鸟的要求很简单，第一要求爱鸟，第二带架望远镜，第三有本鸟类图鉴即可。

　　为了普及这项利国利民、健身环保的活动，我作为麋鹿苑博物馆副馆长，在3月27日下午连续在两个学校进行了题为"魅力观鸟"的讲座，一个学校是北京西总布小学，一个是北京154中学，受到现场青少年的积极呼应。

观鸟的最大意义在于启发人们的爱心，从爱鸟到爱生命，直至关心一切生灵，关爱大自然。观鸟与关鸟（笼养野生鸟）有截然相反的爱鸟观。英国皇家爱鸟协会有几十万名会员，均由观鸟者或设招鸟台喂鸟的人组成，而我们的一些"爱鸟"者却由提笼架鸟的人组成。将鸟囚禁于樊笼还算爱鸟吗？对此，古人早有定论："彼在牢笼，尔图愉悦，何乐之有？""始知锁向金笼听，不及林间自在啼。"

笼养野鸟虽满足了个人占有欲，却以鸟儿失去自由、生态失去平衡为代价；鸟少了虫多了，大施农药又毒化了食物，人们还得自食其果。同时，笼中之鸟还会把一些人禽互感的病原体通过鸟羽、鸟粪的尘屑带给养鸟之人，特别是童叟，使其感染支原体肺炎、鹦鹉热等疾病，这天灾人祸不是咎由自取吗？更为恶毒的是，在大江南北的一些图财害命者趁候鸟迁徙集结之际，大肆张网捕捉贩卖，使万类霜天竞自由的大千世界成了秋风秋雨愁煞人的大屠宰场，这种吃鸟之举导致生灵涂炭、生态失衡，无异于饮鸩止渴、暴殄天物，满足当前个别人的口腹之欲，但如此的自毁生机终将要断送后代人口腹之需的。所以，活动主办者北京麋鹿苑打出的口号是：如您爱鸟，请来观鸟，不要关鸟！

3月29日，周日上午，温度1-5摄氏度，有点冷，风力2-3级。突然的降温给鸟学院的活动带来了一些考验，但鸟友们的热情依然不减。

一大早，大家就在快速公交德茂站集合去麋鹿苑，还有一部分人自驾车前往，总计约40人。来到麋鹿苑，我进行简短的介绍之后带领大家进苑观鸟。

首先，几只大斑啄木鸟吸引住了大家的视线，然后大家看到喜鹊在高大的杨树上筑巢，珠颈斑鸠站在树梢上咕咕地叫着，赤颈鸫悠闲地在地面取食。突然传来了几声怪叫，大家循声望去，原来是这里饲养的蓝孔雀，它们一点也不怕人，还有一只在众人面前开屏炫耀，大家纷纷为它拍照并与它合影。

来到麋鹿半散养区，大家顿时眼前一亮。一大片的空地上，蜿蜒曲折的水面横亘其中，水面上点缀着绿头鸭、鸿雁、斑嘴鸭，高大的柳树上停歇着几只夜鹭，远处的岸边一只丹顶鹤和一只灰鹤在散步（它俩的故事里包含着凄苦和浪漫），很多家燕也早早来到这边，在水面上飞来飞去，其中还夹杂着少数的金腰燕。当时的景象实在是太美了！

路边的树上传来大山雀的鸣唱；一只不知名的柳莺欢唱着；一只红胁蓝尾鸲雌鸟在不远处的灌木和石头上跳来跳去，让大家饱了眼福；4只八哥在杨树的树尖上停留，白头鹎婉转而响亮地鸣唱着；路北侧的芦苇和菖蒲丛中，有一只东方白鹳在停歇，一只黑天鹅在静静地趴窝，几只河麂隐蔽在草丛中。

沿着环苑路继续前行，在灭绝动物的墓地旁，我给大家讲了灭绝动物公墓的故事，我们在公墓的旁边为它们种了十几株小柏树，以此作为纪念。

再往前就可以看到大群的麋鹿，数量估计有120多只。它们安静地吃着草，达乌里寒鸦和家鸽在它们附近觅食；胆小的河麂和狍子经常一跃而起，还有几只倒霉的野兔被乌鸦追来追去。一只普通鵟和一只红隼这时从大家的头顶飞过。

我们发现了远处水面上的4只绿翅鸭，3雄1雌，尾部的三角黄斑就是雄鸭最好的标志。三只白鹡鸰在离大家很近的河岸边，这应该是几只没有眼纹的普通亚种。活动即将结束时，我们又在麋鹿苑围栏上发现了一只漂亮的北红尾鸲雄鸟。

当天上午共记录到32个鸟种(后附)。可以跟这么多自由自在的动物近距离接触，大家都觉得麋鹿苑是一个亲近自然的好去处。

下周就是清明节了，麋鹿苑举行了一年一度的具有生物多样性警示教育的"清明，为灭绝动物扫墓"活动，29日上午，我们特意为观鸟者一行及来自金海学校的师生安排了植树方式的扫墓，在麋鹿苑的世界灭绝动物公墓，同学们献上花圈的同时还为灭绝的生灵植下苍松翠柏，从而给公众以"灭绝意味永远，濒危，则还有时间"的启示。

2009年3月29日晨自然之友鸟院麋鹿苑迎接爱鸟周的观鸟记录:

树麻雀/灰喜鹊/喜鹊/大斑啄木鸟/珠颈斑鸠/燕雀/白头鹎/赤颈鸫/戴胜/夜鹭/斑嘴鸭/家燕/灰斑鸠/北红尾鸲/灰椋鸟/八哥/大山雀/红胁蓝尾鸲/小鹀/三道眉草鹀/柳莺/小嘴乌鸦/白鹡鸰/金腰燕/乌鸫/大嘴乌鸦/斑鸫/绿翅鸭/达乌里寒鸦/红隼/绿头鸭/鸳鸯

[春季篇] 北京雨燕
希望之环

此刻，但见不少北京雨燕（亦名楼燕）在亭间疾飞穿梭，

听说，这些雨燕是从非洲千里迢迢赶来繁殖的，

对眼前翻飞之鸟的讶异之情油然而生。

2009年5月16日，我凌晨走出家门，从方庄桥接上两位自然之友同仁，驱车半小时即达颐和园，这种速度在平时是不可想象的。颐和园门外已经站了一堆人，以大学生为主，我们在北京观鸟协会负责人付建平和颐和园工作人员率领下集体入园，经铜牛来到位于十七孔桥的廓如亭（即八方亭）。此刻，但见不少北京雨燕（亦名楼燕）在亭间疾飞穿梭，北师大的鸟类专家赵欣如老师已先期到达，挂起写有"保护生物多样性，科学发展从我做起"的横幅并为大家做了关于环志雨燕的简要介绍，这些雨燕是从非洲千里迢迢赶来繁殖的，对眼前翻飞之鸟的讶异之情油然而生。这时，首师大高武教授乘自然之友羚羊车带着捕燕工具粘网和环志科普展板抵达，大家便忙碌开来，在廓如亭西侧对着十七孔桥的方向布下了罗网。以前，置身这古老园林总感觉似有一种阅读历史的人文熏陶。而今，满眼皆是飞鸟，宛若进入雨燕的自然王国，两对竹竿刚刚撑起柔软的尼龙丝网，便有雨燕入网，由此拉开环志的序幕。

鸟类环志是当前世界研究鸟类迁徙规律的一种简便而有效的方法，给所捕鸟类戴上一个环，有合金环套在雀鸟腿上的，也有彩塑环套在大鸟颈、腿或翅部的。环上刻有国家、单位、编码等一系列信息，每个环号都是唯一的，如同我们的身份证，当这只鸟在另外的地方被再次环到时，就能获悉最初环志的地点、时间、迁徙路线、活动范围、种群数量及年龄等宝贵的生物学信息。1997年，首都师范大学与自然之友在这里开展雨燕环志工作，至今已逾十个年头。我是观鸟爱好者，而环志雨燕却是第一次，所以，一招一式都很拘谨，看到这些年轻的老手麻利地从网上摘下燕子，觉得好不新鲜，甚至好笑，因为那一男一女在互助摘鸟的时候，酷似婚礼上的一个动作——交杯酒。环志的程序包括：将捕捉的鸟鉴定种类，装入布袋，称重，测长，记录数据（重量、体长、翅长、头长、喙长、尾长、跗跖长），上环，放飞！

环志结束时的放飞，是整个环节中最激动人心的时刻，赵欣如老师给了我一个持燕放飞、与雨燕零距离接触的机会，这些平时连目光都跟不上、时速达110千米、疾飞如矢的鸟，现在被我握在了手中。端详着掌中之鸟，我感慨万千，北京奥运会的吉祥物之一的妮妮原型就是这大名鼎鼎的雨燕啊，我是久闻其名，如今竟然真的与之亲密接触了。

眼前的雨燕即楼燕，学名为北京雨燕，因为它是1870年被英国鸟类学家斯温侯在北京发现并命名的，科学发现之地即模式种产地在北京；而北京亦名燕京，《诗经》中"天命玄鸟，降而生商"，记述了天赐黑鸟建立商朝的故事。燕子是商朝的国家图腾，北京又是古代燕国的所在地，自古多见玄鸟出没。一种一掌之盈的小鸟竟有如此丰厚的生生不息的内涵，记载历史之长可达上下几千年，迁徙距离之远可纵横数万里，无不令人刮目相看。可是，北京作为北京雨燕的繁殖地，近年却因自然和人文环境的剧变而面临营巢条件丧失、种群数量剧减的威胁，由此，北京市林业局与北京师范大学从2000年就开展了一项名为"北京地区雨燕资源与保护对策研究"的课题。2006年我提交了一份关于京城建设雨燕塔，延伸奥运吉祥物的政协提案。现在都在呼吁保护北京地区的木质古建筑，不应在上加封防雀网；适当进行人工招引，建设雨燕塔；开展栖息地特别是湿地的保护，尤其要防治环境污染。这些年发现，鸟类对环境污染的程度比较敏感，通过食物链，重金属和有机污染物会在鸟体内富集。通过对雨燕羽毛、蛋壳、粪便的分析，发现雨燕数量减少也与污染加剧有一定关系。

我们这些无怨无悔的志愿者在埋头环志，不知不觉发现，公园晨练及游玩的的人群越来越多。环志是一项研究手段和保护措施，但公众未必理解，我就听到一些人的疑问：抓鸟干什么？是卖的吗？你们挣钱吗？环志是给鸟做绝育吗？还有反对者说：这帮人这样抓了放，放了抓，折腾鸟，反正对鸟不好……虽然我们将题为"给迁徙的鸟，带希望之环"的科普展板支在那里，但闲言碎语照样飞来飞去，实在有必要通过各种媒体对鸟类环志的目的意义进行宣传普及。也有人说：真好玩，想伸手触摸或感受一把。

无可否认，环志会暂时打扰鸟的正常生活，给鸟带来惊吓，甚至出现重复捕捉或个别鸟放而不飞的现象。但我认为这是"小恶"，小恶不容，"大善"难存，掌握了一定的科学数据，就能为保护鸟类提供正确的决策依据。但由此也要求我们参与环志的人更需谨小慎微，珍视手中的每一只小生灵，切切不可粗鲁行事，从摘网到测量、上环，都要一丝不苟，我曾尝试着为一只雨燕上环，一手持燕，一手握钳，唯恐轻重拿捏得不合适，轻了合金环封不上，重了怕弄疼了燕子，更怕夹了鸟腿，这真是一种举轻若重的操作，一只雨燕在手，生命之责重托！

[春季篇] 宁夏石嘴山
邂逅须浮鸥

于是，从远拍，到近拍，

再摄取一些考究些的镜头，

什么出水芙蓉啊、什么小鸭振翅啊……湿地的鸟，

总是争奇斗艳，总能花样翻新，

给你带来意外惊喜。

2011年的5月末，中国科协安排在宁夏的"大手拉小手，科普希望行"演讲之旅，继固原、银川之后，来到了宁夏行程的最后一站：石嘴山市。此前，这个城市对我来说是一个十分生疏的名字，它位于宁夏北端，东跨黄河，西依贺兰，因贺兰山与黄河交汇之处"山石突出如嘴"而得名。据说王维赋诗盛赞的"大漠孤烟直，长河落日圆"即此；岳飞抗金志在"驾长车踏破贺兰山缺"亦此……更听说石嘴山是一座因煤而建的城市，甚至是一座资源枯竭型的转型试点城市。到达之后，途经洗煤厂，周遭满目的煤粉还难以洗去工业污染岁月的旧痕，但建立在煤石堆上的现代办公区，特别是中华奇石园，石雕林立，美轮美奂。

下午，在光明中学讲座之后，石嘴山市科协陈主席把我从学生要求签字的围堵中接出来，问我，还有个把小时，你想看点什么？我不假思索地回答：湿地。因为初到石嘴山就见大片水域，这是一座名为星海湖的城市水利风景区，遥见水禽点点，我想，必是观鸟的好去处。

陈主席喜爱郊游和摄影，长于拍摄植物，但对湿地之鸟尚乏认知。他驱车水畔，我马上见到几只小䴙䴘，我介绍这是一种俗称王八鸭子的潜水型水禽，他便说，这对他们来说一律称为小水鸭子。看着看着，一只凤头䴙䴘跃然水面，这可不是小水鸭子，而是大水鸭子。瞧啊，还有美丽的头饰呢！我那十二倍变焦的数码相机已经拉到极致，也就刚刚看清鸟的外观，好在种类识别已无悬念，于是，从远拍到近拍，再摄取一些考究的镜头，什么出水芙蓉啊，什么小鸭振翅啊……湿地的鸟，总是争奇斗艳，总能花样翻新，给你带来意外惊喜。你方唱罢我登场，先是白鹡鸰，又是角百灵，还有大杜鹃，在我面前一一崭露头角。尽管这只大杜鹃是站在电线杆上，不符合我拍摄动物的自然原则，却因难得一见，还是拍下来再说吧，也算我个人观鸟拍鸟的一个新记录。最近，不断刷新个人记录，包括上月在麋鹿苑拍摄到了灰头麦鸡。此行石嘴山，不但见到，而且捕捉到其飞翔的画面。当我进入湿地，融入鸟的世界，兴许也是进入了人家的领域甚至巢区，这些各占领地的飞禽就会飞到你的上空，甚至锲而不舍地盘旋，我举起相机仰拍，如同高射机枪的点射，设置在连拍档的相机发出"哒哒哒"的"shot"，只是这个shot在此作"摄"而非"射"，这正好与美国国家公园的那句话相吻合：Shot with camera, Without gun.

在一处似为垂钓园的地方，我看见在离岸不远的水中有一个鱼档子，鱼档子的上方，有几只鸥鸟在来来回回、上上下下地飞翔，你来我往，争相在圈鱼的地方分一勺羹。这可是难得的抢拍飞鸟的机会！我试探着靠近、再靠近，直至走到水边，这些翩翩飞翔的鸥鸟仍我行我素地翻飞，才不在乎我呢。于是，我便放开手脚认真拍摄这些可爱的精灵，它们空中悬停的动作最宜捕捉，拍起来也最快意。开始，我的镜头里还有些杂质，什么渔网啊、杆子啊，那些人工之物与鸟混为一图，渐渐，我着意调整了景别，选择那些纯净的、自然的位置，终于拍出了一张张天然之鸟。

　　当然无论观什么鸟、拍什么鸟，首先都需辨明种类，我初步判断，眼前的这些鸥类应是须浮鸥，一类体态纤细，头部上半部为黑色的鸥类，虽然作为湿地鸟类并不罕见，但在这西部腹地，站在石嘴山这座昔日工业重镇，能见到和拍到这么精美的鸥鸟照片，而且是用手里这架小片机，实在是大喜过望，我一再对接待我的东道主——科协的陈主席念叨着：你们这里的生态条件太好了，如果不开展观鸟活动，就太可惜了。

灰头麦鸡

[春季篇] 昭君望
遗鸥驻

我之所以渴盼来此，

是因为，鸟类学家在这里发现了原本生活在内蒙鄂尔多斯的阿拉善湾和

敖拜淖尔等海子，

却因湿地的干涸而一股脑地消失，

之后，这些湿地精灵才在这里再次被发现。

2011年夏初，趁老母在陕北老家调养，我结束宁夏演讲之旅后，便顺道探望。6月之初，风和日丽，高原之夏，更是令人神清气爽。一早，驱车前往位于榆林之北神木县境内的大湖红碱淖。多年来，由于事务缠身，几乎无暇陪老母出游，此番，母亲因儿前来探望又同游景区，老人家特别高兴，早早备好黄瓜、西红柿及水果等鲜令食品，让我不禁想起儿时出游前那忙着备吃备喝的激动情景，只是此时，我似乎心不在游玩，而在观鸟——可以说，就是为了去看一种鸥类珍禽：遗鸥。

下了通往包头的高速路，东行几十里即到红碱淖景区，我之所以渴盼来此，是因为，鸟类学家在这里发现了原本生活在内蒙古鄂尔多斯的阿拉善湾和敖拜淖尔等海子的鸟类，却因湿地的干涸而一股脑地消失。之后，这些湿地精灵才在这里再次被发现。但是，就像说秦岭有金丝猴，而去了未见；婺源有黄喉噪鹛，去了也未见一样，此次来红碱淖，我也做了这样寻访而不遇的心理准备，看野生动物通常就是这样啊，可遇不可求！

购票进入景区，前行不远，见一巨大雕像"昭君出塞"，昭君怎么会在这儿？一看说明方知，被誉为神湖的红碱淖，恰位于黄土高原和蒙古高原的过渡带，面积67平方千米（现在实际已缩减为不足50平方千米），水深8米，最深达15米，是全国最大的沙漠淡水湖。传说，西汉时，昭君出塞至此，回望中原，伤感天地，泪雨滂沱，形成此湖，从而留下这见证民族团结的佳话。

继续前行，天水相接，烟波浩渺，在神湖的岸边，但见群鸥或戏水，或振翅翩飞，且都是一种鸥，怪只怪我的鸟类学知识不扎实，只模糊记得，遗鸥是深色的面孔，莫非这就是我朝思暮想的遗鸥？先拍下来再说！站着的、卧着的、游着的、飞着的……一一摄入我的镜头，不久发现，它们其实不太怕人，只是与人保持着一段安全距离，你根本不必追着拍，而是坐着等，它们就又渐渐走到离你不远的位置，于是，我以守株待兔的方式静候岸边，用手中唯一的傻瓜数码相机，便拍摄到不少遗鸥的特写镜头，有的几乎充斥了镜头的一半，有的以鸥为前景，以游船码头为背景，表现出一组人鸟和睦共处的场面。的确，由于保护得当，遗鸥在红碱淖从2000年初的几十只，已增至2万只，占世界遗鸥总数的90％，尽管被称为鸟岛的红石岛不能参观，但游览路线上见到的遗鸥已足以令人大饱眼福的了。

之后不久，妈妈给我留了一份《榆林晚报》，读罢一篇题为"哭泣的红碱淖"，才知，红碱淖因上游建坝和流域开矿，正在遭受注入红碱淖的河流被拦截、水补给断流、湖面水位下降、水质污染、盐碱化、渔业资源枯竭、遗鸥家园再遭生态毁灭的灾难。

登上快艇、劈波斩浪，驶向对岸……我又一头扎向那岸边的鸥群，反正，妈妈有我小姨相陪，我便可信马由缰地观鸟、拍鸥了。说是观鸟，我除了鹬鸰外，还真的没见到别的鸟种，满目的遗鸥，想不见都难。拍呀拍，直到拍摄得我腿发麻、手抽筋！于是，歇会儿！转向沙滩上方，去找妈妈。此时，我妈跟小姨正在一大群骆驼旁拉话，我便上前担当摄影师，尽管平时号称我的相机是"目中无人"，只喜好拍动物，这时，给妈妈拍照，还有妈妈和骆驼合影，实在是难得的机会，更是尽孝的机会！恰在此时此地，有一对母子骆驼，相依着，我随即也拍摄下来，此情此景，十分动人，令人整个身心都沉浸在那伟大母爱的氛围中。

即将登艇返航时，我从码头上瞥见一对遗鸥，在水面低空追逐，出于对动物行为的敏感反应，我迅疾地掏出相机，说时迟，那时快，那只追逐之鸥已向水面浮动之鸥冲了下来，竟然冲到这只浮游之鸥的身上，只见下面的这位，展翼相迎，好像张开了怀抱，此时，天水一色，交相辉映，水乳交融，二鸟正在上演一场情深意切的温馨剧目。我屏住呼吸、手按快门，保持着连拍的动作，将此画面全部定格在了我的镜头中，成为我此行红碱淖观鸟观鸥最经典、最精彩、最浪漫的一幕，"自来自去堂上燕，相亲相近水中鸥"，这对幸福着的遗鸥，为我不吝展现的，不就是一幅大自然生生不息、诗情画意的天赐图吗！但愿这种天赐自然，美景永驻。

遗鸥之爱

查看更多精彩图片!

雄雌黑尾蜡嘴雀

[春季篇] 海天佛国 舟山之鸟

这是我特别选取的背景——以不远处的舟山宾馆的"舟山"二字为背景，以偶然飞落的鸟为前景，

拍摄了一组包括白头鹎、乌鸫、黑尾蜡嘴雀、伯劳，甚至山斑鸠的"舟山之鸟"组图。

2012年5月的舟山，海风和煦，时雨时晴。我们中科院科普演讲团一行6人，受舟山市科协邀请，进行科普演讲。

舟山有"海天佛国"之誉，著名的普陀山与同样处于北纬30度的布达拉宫、埃及金字塔遥相呼应，所以，来此之客，必到普陀。舟山有"中国渔都"的美称，沈家门是世界三大渔港之一，其海鲜大排档便是当地人盛情待客的绝佳去处。我圆满完成在舟山定海小学和舟山南海实验学校的题为"生态·生命·生活"的演讲，该去的地方都去了，该讲的课也都讲了，闲暇时光便完全投入到个人的观鸟爱好上了。

每至一地，鸟情各异，舟山为海上群岛，势必有不少海鸟可以见到吧，于是，才到宾馆，我便披挂上阵，带着高倍相机奔向了海的方向，还没出宾馆，白头鹎、珠颈斑鸠就减缓了我急切的步伐。路边，密集树丛中，众鸟的浅唱低吟，更是令我无法蹙然前行，我蹑手蹑脚，靠上前去，举起相机，镜头里捕捉到这些热闹非凡的鸟，主要是乌鸫，它们浑身黑羽，活像个小乌鸦，但嘴部是嫩黄色，叫声抑扬顿挫，煞是好听。一般说，好听的鸟，不好看，好看的鸟，不好听，羽色美丽的鸟如鹦鹉，叫声实在是不敢令人恭维，乌鸫可算完美诠释了这一原理，尽管不能一概而论。

有水有树的地方，必然多鸟，顺着围绕舟山行政中心的"护城河"独步观鸟，树上的雀，天空的燕，水中的白鹭、夜鹭，甚至黑水鸡，被我一一记录下来。很快，到达海边，远瞭，水天一色，波澜不惊，近观，堤坝下的泥滩上布满了螃蟹、弹涂鱼一类的小生物；粗瞥，没有动静；细看，则一派生气，大大小小的螃蟹或在嬉闹、或在打洞，一蹦一蹦的便是弹涂鱼。不知为什么，就是没有什么鸟，比如想象中的海鸥啦、鸬鹚啦，甚至鹈鹕啦，可我连个鸟毛都没见到，事与愿违，只好打道回府。回宾馆的路上，途经一个工地，遥闻隔墙树上"吱啦吱啦"的好似伯劳的声音，借着墙根靠近，再举起相机啪啪拍摄，一下拍到好几只，伯劳通常是一只屹立枝头，这怎么三只呀？定睛一看，羽毛略显蓬松，尾羽也不太完整，原来，这几只伯劳竟然是伯劳的雏鸟，我还是第一次见到、拍到伯劳的雏鸟，不虚此行啊！

次日，在普陀寺，拍摄了一些与众不同的卧在寺庙屋脊的鸟，但更为与众不同的，也算我刻意构思的鸟片，乃是在所住宾馆不远的、栖于绿地树端的鸟——舟山之鸟，这是我特别选取的背景——以不远处的舟山宾馆的"舟山"二字为背景，以偶然飞落的鸟为前景，拍摄了一组包括白头鹎、乌鸫、黑尾蜡嘴雀、伯劳，甚至山斑鸠的"舟山之鸟"组图。临行前的那天早晨，高登义先生（中国科学院探险协会主席）和徐文耀先生（原中科院物理地球所的所长）也都冒雨参加到观鸟的行列，高先生身经百战，足迹曾经踏上"三极"（南极、北极和珠峰），是走过千山万水的大探险家，可还是谦虚地随我观鸟，躬身拍鸟，令人感叹。回京，拜读高先生赠我的新作《穿越雅鲁藏布大峡谷》，套用其中高先生的一句话"与天知己其乐无穷，与地知己其

乐无穷"，于是，狗尾续貂地续上这样一句话："与鸟知己,其乐
无比。"

山斑鸠

[春季篇] 贺兰岩画
野生岩羊

下午两点，艳阳高照，贺兰岩画区游人寥寥，

我对这些古代先人在1万多年前刻画的岩画，

逐一欣赏着，星辰日月的、人物的、动物的、特别是有蹄类动物的居多，

其中一个大角的，分明是一只雄性岩羊，

十几年前，我在岷山考察动物时，多次遭遇岩羊，

对岩羊的形态烂熟于心。

人们概念中的羊，一般指驯养山羊和绵羊，实际上，羊在动物界是一个大类，既有野生的，也有驯养的，野生种类繁多，但很难遇见。2011年5月，我到贺兰山看岩画，便遇到众多野生岩羊。

　　下午两点，艳阳高照，贺兰岩画区游人寥寥，我对这些古代先人在一万多年前刻画的岩画，逐一欣赏着，星辰日月的、人物的、动物的、特别是有蹄类动物的居多。其中，一个大角的，分明是一只雄性岩羊。十几年前，我在岷山考察动物时，多次遇到岩羊，对岩羊的形态烂熟于心。正当我攀爬到一个陡峭的岩壁，欣赏一幅名为太阳神的岩画时，几粒药丸般的深色粪便映入眼帘，是羊粪！是岩羊的粪！我快速判断着，难道在这人来人往的游览区，会有野生的岩羊出没吗？不会吧，记得在岷山，岩羊都是极其怕人的，远远地在对面山崖上看着你，只要你向它移动，它们立刻攀上更陡峭的山崖，始终与你保持一个安全距离。举目张望，蓦然瞧见岩石顶端就卧着一只母岩羊，犄角不算大，铁灰色，体色与岩石浑然一体。我赶紧拍照，一位途经此处、也挎着相机的游客，问我，这是什么？我说，岩羊，还问，是真的吗？我说，当然！似乎我跟那岩羊早已熟悉。下山，才见河谷中，一群大大小小的岩羊在饮水，接近后，便夺路而逃，奔向山坡。仔细搜寻贺兰山岩画区，竟星星点点地盘踞着不少只岩羊，有一只竟然恰恰卧在一块刻有岩画的石壁旁，构成一幅融人文与自然于一体的岩羊岩画图，此番看羊，不同凡响！过后才知，我有些大惊小怪了，这里的岩羊多得很，见怪不怪，因为常见人类，根本不太怕人了，甚至因保护得力、繁衍顺利，天敌缺失，种群失控，已出现植被承载力不足的生态问题了。

[春季篇] 广水珍鸟 蓝喉蜂虎

原来这种佛法僧目、蜂虎科的鸟类每年夏季确实是来湖北繁殖，

为本地的夏候鸟。

广水在动物地理上属于南北结合部即北方（古北界动物）与南方（东洋界动物）的动物分布的过渡地域，

处于大别山与桐柏山之间的丘陵地带，

完全有条件、也有可能为这些生活在热带地区的鸣禽提供栖息繁育条件。

2013年5月中旬，中国科协安排我们科普演讲团赴鄂巡讲。14位演讲者从武汉分手后，我与心理学家吴瑞华被分配到随州，讲完两个学校之后，我又独自前往广水，乍一听"广水"一定是水势浩荡，广而有之，到了才知，此地十年九旱，有此地名纯属一种美好的渴望和期待。水虽名不符实，鸟却名不虚传，让我这位鸟痴大呼过瘾。

事情的经过是这样的，讲课之后，副市长罗兰问我对广水印象如何，我说好极了，因为刚刚拍摄到一只悬飞半空的冠鱼狗，便打开相机显摆鸟片，大谈特谈在随州、包括广水观鸟的妙趣。不料，罗市长说有一种鸟，只在我们广水有，我满腹狐疑又迫不及待地追问，什么鸟？叫啥名？长啥样？罗市长说没记住。我说我只听说江西婺源有黄喉噪鹛、陕西洋县有朱鹮……那些真是当地特有，哪里听说广水有某某鸟？市长见我这么迫不及待地寻根刨底，当即让科协孙阳春主席落实，孙主席不愧是联络各方神圣的能人，几番电话询问，得到了这种鸟的名称——蓝喉蜂虎。

我非常惊讶，因为蓝喉蜂虎是典型的南方（东洋界）鸟种，这里会有吗？于是打开手机，翻开手机上安装的电子版的"中国鸟类图谱"，调出蜂虎的文图，真相大白了。原来这种佛法僧目、蜂虎科的鸟类每年夏季确实是来湖北繁殖，为本地的夏候鸟，罗市长所言并不为过。广水在动物地理上属于南北结合部即北方（古北界动物）与南方（东洋界动物）的动物分布的过渡地域，处于大别山与桐柏山之间的丘陵地带，完全有条件、也有可能为这些生活在热带地区鸣禽提供栖息繁育条件。据说，这些年，常常有来自全国各地的摄影发烧友专门来广水拍摄蓝喉蜂虎。由此，我的心中也生出一种渴望甚至奢望——我也想看蓝喉蜂虎，只是未敢贸然说出口。

下午，广水科协孙主席与政府办杨主任亲自陪同我"上山下乡"，先到了三潭景区，尽管见到并拍摄到水鸲一类的鸟，总的看，鸟情并不理想，在踏着夕阳归去的路上，坐在汽车副驾位置上的杨主任俨然已经"速成"为半个鸟友了，一路寻寻觅觅，每见异情便敏锐地指给看我。突然，我远远瞥见路边电线上两个纤细的身影，咦？什么鸟？停车！当时我就是凭着一种感觉甚至一种感召，叫停司机，下车趋步上前，举起相机，啪啪拍了几张，放大一看，呀！蓝喉，是蓝喉蜂虎！这不正是中午市长谈到的、我又从中国鸟类图谱上看到的这种鸟吗，于是左一张、右一张啪啪地拍个不停，两只蜂虎淡定地立于电线上，时不时起飞、降落，并不像许多鸟那样急于逃避人类。俩鸟似乎是一对儿，你来我往，比翼双飞。那随心所欲的空中捕虫特技，那显而易见延长的中间尾羽，一招一式均令人过目不忘。

人不害物，物不相扰。我喃喃自语，太有幸啦、太有缘啦！按科协孙主席指导，这里是蔡河镇麻粮市平靖关附近，转身离开，鸟儿还在那里，它们不知给我带来了几多欢乐和满足，我也不知它们对人类如何看待，怎么见我拍摄，也不逃避呢？本来这等可遇不可求的事，

红隼

却得来全不费工夫，我情不自禁地与政府办杨主任击掌相庆——欧耶！我不得不承认，广水在我心目中因鸟而更美，毕竟，四海承风，畅于异类，凤翔鳞至，鸟兽驯德，鸟在美景在！此情此景再次验证了那句话：鸾凤和鸣的鸟儿，简直就是美丽中国有声有色的、会飞的名片。

白顶鹏

克拉玛依
鸟儿飞过

【春季篇】

周一八点，

我抓紧时间沿克拉玛依河观鸟，至世纪公园。

又见到对我来说的新鸟种：

欧金翅、巨嘴沙雀、家麻雀、黑顶麻雀等。

从小就熟悉这首《克拉玛依之歌》，"当年我赶着马群寻找草地，到这里勒住马我瞭望过你，茫茫的戈壁像无边的火海，我赶紧转过脸向别处走去，啊克拉玛依，我不愿意走进你，你没有草也没有水，连鸟儿也不飞……"为什么说鸟不飞？这我得看个究竟。

2014年4月，我突然接到一个邀请我赴克拉玛依讲课的电话，当即我便应允前往。"五一"之前的一个周末，周六一早我飞往乌鲁木齐，再搭车四个小时便到达了慕名已久的克拉玛依。到达之后我立马顺着克拉玛依河去了西郊水库。

周日上午主人为我安排了前往艾里克湖与魔鬼城雅丹地貌观赏的行程；下午为亲子团体讲课。周一一早我又去世纪公园，所观且拍到的鸟达30种，而且还有不少是我的新记录。时间短，效率高，新疆之行，令人心满意足。

在克拉玛依过了两宿，几位朋友都推荐我去欣赏克拉玛依夜景，据说很美，但我属于早睡早起型的，早起干什么，观鸟呗。夜景美是不差钱的显现，的确，克拉玛依人均GDP列于全国第三，这是世界上唯一以石油命名的城市，境内石油资源丰富，发现早，开采历史长。20世纪初，地方官吏编撰的方志中，就有关于独山子原油、黑油山沥青丘、乌尔禾沥青脉的记述。克拉玛依是地处欧亚大陆的中心位置的城市，是新中国成立后第一个大油田，是中国西部第一个原油超千万吨的大油田……在世纪公园，我见到了诗人艾青的雕像以及他为克拉玛依留下的诗句：

最荒凉的地方，却有最大的能量；最深的地层，喷涌着最宝贵的溶液；最沉默的战士，有最坚强的心……克拉玛依，你是沙漠的美人！

科普之行，不忘科普，在新疆之夜，我发微博微信，从新疆的"疆"字说起，对新疆地形地貌，呈现为三山夹两盆的形似"疆"字右侧的轮廓做了网上科普，新疆面积相当于中国国土六分之一，包括了高山生态、高原生态、森林生态、草原生态、绿洲生态、荒漠生态、湿地生态；以及人工生态的城市、水库、人工绿洲、人工林。

新疆的动物种类丰富且极富特色，鱼类90余种，两栖类10余种（包括这里特有的北鲵等），爬行类60余种（包括这里特有的四爪陆龟等），鸟类450余种（包括这里特有的白尾地鸦），兽类160余种（包括这里特有的野骆驼、吐鲁番沙鼠、塔里木兔、伊犁鼠兔、天山蚱等）。恰巧，在克拉玛依青少年科技活动中心的科技节主会场，我见到一个评选2014科技节吉祥物的展板并前面留了影，这个活动把新疆的几种特色动物作为候选对象：它们是雪豹、普氏野马、四爪陆龟、北山羊、河狸。

周一八点，我抓紧时间沿克拉玛依河观鸟，至世纪公园。又见到对我来说的新鸟种：欧金翅、巨嘴沙雀、家麻雀、黑顶麻雀等。上午，北航为克拉玛依青少年中心做项目小翁老师叫了出租接我赶到科技中心临时加场为雅典娜小学做科普演讲。之后，见到前来参加科技节视察的新疆自治区副主席，还有克拉玛依市长，我简单谈了感受，说从小就受到《克拉玛依之歌》的影响，慕名已久，特别对其中的一句"鸟儿也不飞"耿耿于怀，此行新疆一睹为快，仅在克拉玛依的两天就见到拍到30种鸟，真可以搞一个小型专题摄影展了，如果可行，那就叫《谁说克拉玛依"鸟儿也不飞"？》。

回京后整理所观所摄的克拉玛依之鸟及其他动物，简直回味无穷，欢欣无比！

家麻雀

欧金翅

白鹡鸰/黄头鹡鸰/斑鸠/虎纹伯劳/红尾伯劳/金翅雀/家燕/普通燕鸥/银鸥/金眶鸻/黑翅长脚鹬/大白鹭/小嘴乌鸦/乌鸫/穗䳭/白顶䳭/沙䳭/黑顶麻雀/家麻雀/树麻雀/巨嘴沙雀/柳莺/隼/杜鹃/啄木/喜鹊/灰喜鹊/斑鸠/赤颈鸫/棕头鸥。另外，还拍摄到黄鼠、沙地蜥蜴等动物。

[春季篇] 闯魔鬼城
遇鼠鸟蜥

魔鬼城又称乌尔禾风城。

位于准噶尔盆地西北边缘的佳木河下游乌尔禾矿区，

是一处独特的风蚀地貌，

形状怪异、当地蒙古族人将此城称为"苏鲁木哈克"，

维吾尔人称为"沙依坦克尔西"，意为魔鬼城。

老话说"秀才不出门，全知天下事"，如今，是不是秀才都不要紧，只要网上一搜索，啥信息都能找到，但最难以得到的就是亲身体验。马年五一前的一个周末，我有幸应邀赴克拉玛依进行科普演讲，顺便走访了位于克市以东100千米的魔鬼城。

魔鬼城又称乌尔禾风城。位于准噶尔盆地西北边缘的佳木河下游乌尔禾矿区，是一处独特的风蚀地貌，形状怪异，当地蒙古族将此城称为"苏鲁木哈克"，维吾尔人称为"沙依坦克尔西"，意为魔鬼城。其实，这里是典型的雅丹地貌区域，"雅丹"是维吾尔语"陡壁的小丘"之意，雅丹地貌以新疆塔里木盆地罗布泊附近的雅丹地区最为典型而得名，是在干旱、大风环境下形成的一种风蚀地貌类型。

周日一早七点半，对当地人来说还是酣睡时间，我已早早起来，饱餐战饭，等待出发了。由于景区开门没有这么早，司机徐师傅和科技中心小刘先带我到克拉玛依唯一的湖泊——艾里克湖一游，再转至魔鬼城。

魔鬼城呈西北、东南走向，长宽约在5千米以上，方圆约10平方千米，地面海拔350米左右。据资料，大约1亿多年前的白垩纪时，这里是一个巨大的淡水湖泊，湖岸生长着茂盛的植物，水中栖息繁衍着乌尔禾剑龙、蛇颈龙、恐龙、准噶尔翼龙等远古动物，后来经过两次大的地壳变动，湖泊变成了间夹着砂岩和泥板岩的陆地瀚海，地质学上称它为"戈壁台地"。难怪景区设置了剑龙、翼龙之类的雕塑，就是为游人再现远古气氛。同样难以免俗的是，景区为姿态各异的岩石地貌杜撰了各种名字，置身魔鬼城，你的想象力得以最大发挥。无论如何我还是对大自然的鬼斧神工叹为观止。

也许是命运的赐予，本来我们时间很紧张，可一到魔鬼城门口检票，说游览车要25分钟之后才运行，为了不影响下午讲课，我们准备退票，可转念一想，何必非要坐车，暴走可是我的长项，于是，便迈开双腿独自按逆时针方向顺道路前行。没走出几步，一只黄鼠留住了我的脚步，它从地洞时进时出，探头探脑，萌态十足，拍！我用相机及时留住了这难得瞬间，事后，动物学家汪松告诉我，也许这是唯一分布在新疆的大黄鼠，哇，遇到亲人啦！

深入风城，尤其是独自一人，你会感到些许的恐怖。四周被众多奇形怪状的土丘所包围，高的有十层楼一般，土丘侧壁陡立，从侧壁断面上可以清楚地看出沉积的原理，脚下全都是干裂的黄土，黄土上面寸草不生，四周一片死寂，尽管烈日当头，作为孤独的天涯旅人还是有些不寒而栗。由于这里景致独特，许多电影都把魔鬼城当作了外景地，比如奥斯卡大奖影片《卧虎藏龙》。该地貌被《中国国家地理》"选美中国"活动评选为"中国最美的三大雅丹"第一名。新疆的魔鬼城除了上述的乌尔禾魔鬼城，另外，还有几个魔鬼城，一处位于奇台将军戈壁北沿，一处是吉木萨尔北部的五彩城，还有一处是哈密魔鬼城，那里也是国家ＡＡＡＡ级景区。

因为地处风口，魔鬼城四季狂风不断，最大风力可达10—12级。强劲的西北风给了魔鬼城"名"，更让它有了魔鬼的"形"，变得奇形怪状。远眺风城，就像中世纪欧洲的一座大城堡。大大小小的城堡林立，高高低低参差错落。千百万年来，由于风雨剥蚀，地面形成深浅不一的沟壑，裸露的石层被狂风雕琢得奇形怪状：有的呲牙咧嘴，状如怪兽；有的危台高耸，垛堞分明，形似古堡；这里似亭台楼阁，檐顶宛然；那里像宏伟宫殿，傲然挺立。真是千姿百态，令人浮想联翩。在起伏的山坡地上，布满着血红、湛蓝、洁白、橙黄的各色石子，宛如魔女遗珠，可惜司机徐师傅没有进来，一路上，只要一停车，他就下到路边捡宝石的。

风口之城，每当风起，飞沙走石，天昏地暗，怪影迷离。魔鬼城一带，蕴藏着丰富的天然沥青和深层地下石油。果然，不远处见到几台抽油的磕头机。在魔鬼城的山顶，遥见几位身穿红色石油工作服的工人正在工作。一圈走下来，除了坐游览车的，我只遇到一拨游客，远远看去，是三两个女人在摆姿势拍照。

虽然步行劳累，汗如雨下，但汗水绝非白流，我拍摄到与风蚀地貌相得益彰的鸟图，而且是我从未见到过的鸟——漠鵰，它们专门挑选石块或土墩的高处，停歇、亮相，使我拍摄起来得心应手。魔鬼城暴走，我不仅得到珍禽异兽的画面，还摄得一只叫作"奇台沙蜥"的爬行动物，那硕大的头颅，反卷的尾巴，尤其是尾端色黑，与浑身的苍褐色截然不同，组合奇特，相映成趣。一个半小时，行程10千米，不可谓不艰，但换来的，是一鸟一兽一蜥蜴，且都很珍稀、奇特，独步魔鬼城，弥足珍贵！克拉玛依，独闯魔鬼城。

大黄鼠

奇台沙蜥

绣眼儿

[春季篇] 山雀鸣啭
绣眼在后

忽然，一阵唧啾，

一只白鹡鸰正在逃走，我只拍到了它的背影，

飞去时，留下的是一波一波的流线型，

正遗憾中，

另外一种——一只灰鹡鸰翩然而至。

2014年三八节前夕，率部门人员到东莞科技馆取经科普剧。利用晨昏之暇观鸟则是我每到一地的惯例。

午后抵达，所住的宾馆在东莞南城一个临近立交桥的大街——莞太路，车水马龙，全无鸟情，从楼上遥见下面一家饭店的屋顶花园，虽鸟来鸟往，却可望不可及。只好按图索骥，似乎出门左手方向有一条河，按经验，有山水林木之地，必有鸟。于是，迈开双腿前往，果然不到半小时就来到一条运河，虽是人工，但绿树夹岸，鸟鸣水畔。我循声而至，绣眼、白头鹎在树丛和树顶出没，一阵更悦耳的啼鸣吸引了我，是一对儿乌鸫，黑乎乎的身影竟能发出轻灵灵的歌声。

过桥到对岸，发现与运河平行的还有一条比较自然的河——东江，沿岸不少垂钓者，一只伯劳呼啸着飞向彼岸，那边有些芦苇，鸟况应该更佳，可惜临近黄昏，没有时间继续向前，沿河岸返回途中，一只大山雀在密丛花间卖命地鸣转，一幅"宁在花下死，做鬼也风流"的架势，隐身于一朵粉色的比它还大的花下，煞是可爱。当它受惊飞到一棵小树上时，又惊起几只极小的鸟，原来几只绣眼在这棵鲜花盛开的树丛里，如果不是这只山雀的飞临，我还真没发现它们，于是，舍山雀而就绣眼，按下快门，一幅花鸟图，由此诞生。

运河无趣的人工河岸都是水泥硬化的斜面，我无奈地顺着河岸回返，忽然，一阵唧啾，一只白鹡鸰正在逃走，我只拍到了它的背影，飞去时，留下的是一波一波的流线型，正遗憾中，一只灰鹡鸰翩然而至，金黄色的胁部极为耀眼，以至于有些人误将其称为黄鹡鸰，我把相机架在桥头栏杆上，以求最稳的效果，灰鹡鸰来来去去，还不时向我走来，看来已经达到那鸟"没把我当人"的境界了，我凝神静气，一下接一下地按着快门，一幅幅鹡鸰上河图诞生了，为我午后的观鸟划上圆满的句号。

其实，大多数人不知道2014年初中国政府在东莞销毁了6.1吨象牙及其制品，这一举动意在彰显我国保护野生动物决心，遏制非法野生动物贸易，广受国际社会赞许，东莞的自然公园也是环绕全市周边，我只是无暇无缘前往，此行只得其万一，否则，定会观鸟拍鸟、收获满满的，期待下次吧。

次晨，烟雨蒙蒙，我冒雨提前两小时前往科技馆附近的元美公园，一个弹丸之地的街心花园，也是有山有水有鸟栖，如果昨午知道这里，会收获更大的，可惜，这个早晨却风雨如晦，鸟情寥寥。行至科技馆附近，临离开公园之际，一群白头鹎在枝头啁啾盘旋，这是一种大江南北随处可见，叽喳喧闹的鸟，本无心欣赏，可它们在热情地吃着树种，还不时做空中悬停状，于是，我顶着丝丝细雨，拍到一些鸟叼树籽的精彩场面，也算不枉此行吧。

鹊鸲

[春季篇] 初出构思
逸趣横生

几乎是见到海的同时，

各种水鸟就映入眼帘：针尾鸭、琵嘴鸭、凤头鸊鷉、红头潜鸭、白骨顶、

红骨顶、普通䴘、普通翠鸟、白鹭、苍鹭……特别是黑脸琵鹭，

鸟友昵称其为黑皮，作为我们此行的目标鸟种，

世界珍稀鸟类，全球不过3000只，竟这么容易就见到了。

一、初到出构思，成就人鸟图

2014年早春，北京的冰雪刚刚融化，深圳完全一派春意。我们科普考察一行六人从东莞到深圳，3月7日傍晚长途大巴抵达深圳世界之窗，我隔窗看见附近有鸟翻飞，于是，将入住手续办讫，迅速抄起相机在城市客栈周边转悠、观鸟。一只鹊鸲映入眼帘，背后恰是城市客栈的招牌，我移动机位，在一个恰好的位置按下快门，鹊鸲翘尾回眸，煞是精神，一张"城市客栈版的鹊鸲"图片正好达成。

鹊鸲

这只鹊鸲还在变换着位置，周围的人文景观也是步移景异，世界之窗高塔，远处的大厦，地铁指路牌……就在这鸟飞上一个街灯顶端之时，瞥见马路对面乃是一个巨大广告，明星郭富城的头像恰成鸟的背景，于是，我从老远找到叠加的角度，相机与鸟、与广告画面，三点成一线。又获得一张好玩的"郭富城版的鹊鸲"。鸟还是那个鸟，景还是那个景，但以鸟为前景构图的画面，却显得格外灵动、逸趣横生。

二、鸟友接至海滨，日出喜看黑皮

第二天是三八妇女节，这是我们在深圳的唯一一个早晨，对我们来说弥足珍贵。深圳鸟友游舟古道热肠开车接我们，及时带领我们前往深圳湾的沙河口红树林观鸟，人来人往的晨练跑道、大运会的火炬雕塑、热闹的海滨公园，这是我第二次来这里，地点不新鲜，鸟况却非常惊人，树上的林鸟、海滨的水鸟，满目皆是，以至于我们赞不绝口："深圳人真幸福，免费公园里有这么多的鸟可看。"东道主游舟谦逊地说："也就是这个季节，候鸟还没走，鸟最多。"

几乎是见到海的同时，各种水鸟就映入眼帘：针尾鸭、琵嘴鸭、凤头鸊鷉、红头潜鸭、白骨顶、红骨顶、普通鵟、普通翠鸟、白鹭、苍鹭……特别是黑脸琵鹭，鸟友昵称其为黑皮，作为我们此行的目标鸟种，黑皮是世界珍稀鸟类，全球不过3000只，竟这么容易就见到了。而针尾鸭，我前两天在麋鹿苑见到几只，远得将将能看清楚，还高度的敏感，稍微接近点儿就飞走，这里的针尾鸭简直不把岸上的人放在眼里，自顾自地把脑袋伸向水中觅食，一个个只露出尖尖的针尾。水畔林地的鸣禽八哥、白喉红臀鹎、红耳鹎、北红尾鸲、黑领椋鸟、白鹡鸰……也相继映入眼帘，尤其是一只黑伯劳，按鸟友小洪的话"我一下就把白伯劳、黑伯劳都凑齐了"。是啊，前几个月，我在中山市喜遇白伯劳，此行又见到黑伯劳，大饱眼福啦！继续前行，在一个淡水与海水交汇的河口，多样性就更加丰富，不仅黑脸琵鹭俯瞰于眼前，而且白胸苦恶鸟、金斑鸻、环颈鸻、金眶鸻、青脚鹬，一一在目，满眼皆是的更有俏皮的反嘴鹬，黑白明快的色调，成群结队地埋头在深浅适宜的滩涂海水中觅食，令我们深刻体会到湿地、包括红树林湿地对生命的呵护作用与多样性价值。我们各执相机尽情地拍摄着，举着望远镜贪婪地观察着，尽享海滨观鸟之饕餮盛宴。

黑脸琵鹭

三、上午访侨城湿地，下午湿地保护区

有赖同事与对方预先周密的安排，深圳华侨城工作人员带我们周游湿地。从生态容纳量考量，这里严格限制人数，一天300人，与隔岸相望的米浦湿地一样，须提前登记预约参观。我们的电瓶车第一站停在观鸟楼前，好像只有我拾级而上，遥见水中三只黑脸琵鹭，这是他们引以自豪的明星鸟种，还有普通鸬鹚，一个个缩头缩脑地蹲在水中的木桩子上。真是活到老学到老，当时见到一行飞鸟，我们疑为雁行，又认识到大雁飞不到这么南，深圳的生态教育老师游云为我们解疑了，这就是鸬鹚。啊！终于知道了，不仅人雁，鸬鹚在飞翔中也会排成人字队形。看着湿地水鸟的出没，试想，如果水中一贫如洗，没有这些木桩、沙洲、小岛一类的仿自然环境，这些动物们将何以安歇呢？我们又如何得以欣赏呢？

上午，在华侨城的会议室稍作交流，还有世界自然基金组织的深圳绿色同仁，与我们麋鹿苑的科普教师一起，南北见面相约互访。在回程中，我瞥见树梢上端立一只麻色的鸟，急唤停车，下来刚刚拍到一张，此鸟一纵身就飞了，幸甚！得到一张片子，回看，我不认识的鸟，请教深圳鸟友，得知是八声杜鹃，对我来说拍到这么清晰的八声杜鹃又是"大姑娘上轿头一遭"。不得不再叹——不虚此行啊！

下午，游云老师率领我们来到福田红树林国家级自然保护区，由于地处边防，那是一个由武警看守的保护区，尽管紧邻闹市，人来车

往，其生态质量还是十分的上乘，感谢"橄榄绿"的呵护，大片的鸻鹬类（先拍下来，过后我和小洪才辨认出其中的灰头麦鸡），透过茂密的红树林植物，铺满了水面。同来福田红树林湿地的还有30余名中小学生及他们的老师家长，大伙是专程聚集过来听我演讲的，场面之热烈，组织之周到，令人感动，于是，在湿地保护区缓冲区深处的一个观鸟塔下，我们席地而坐，我以独角剧的形式，配以脸谱道具，述说人与动物关系，将我的演讲和盘托出，真所谓"红树林的绿话题"。

反嘴鹬

金眶鸻

郭富城版的鹊鸲

笔者与十五世贝福特公爵

[春季篇] 探访乌邦 观鸟英伦

这时，

一辆越野车驶至我们身边，太好了，

探访乌邦，看望麋鹿，

企盼多年的愿望就要实现啦，

备好相机，立马出发！

乌邦，麋鹿的乌托邦

与麋鹿相伴十余载，无数次对人讲述麋鹿颠沛流离寄身英伦的"华侨"经历，特别是1900年毅然收留散失欧洲各地的濒危之麋鹿和1985年送麋鹿回到中国老家的壮举，均是出自一个显赫的英国世袭家族——贝福特公爵，从11世公爵的收留、到14世公爵的送还，对麋鹿这一物种的保育可谓劳苦功高。如今，作为麋鹿第二故乡乌邦寺的掌门人已是第十五世贝福特公爵了，2005年，我们为庆祝麋鹿回归中国20周年，曾在北京麋鹿苑接待过来访的公爵，但我始终无缘前往英国实地看看，2013年早春，我有幸造访英伦，探访乌邦，不仅探亲般地看望了中国麋鹿，而且，令人喜出望外的是，邂逅了公爵本人，其情其景，无不令人感怀。

英国时间2月25日8点半，我们一行四人在当地华裔向导小梁带领下，从位于伦敦东北的伍德福特的乡间客栈出发，沿一号高速公路西行1小时，就来到对我来说"如雷贯耳"的乌邦，从路旁出现"乌邦"的路牌开始，我就异常兴奋，尽管伦敦还是那副"天天阴、绵绵雨、茫茫雾"的鬼天气，但从一早我在客栈附近的林中遇到野猫和松鼠的运气判断，今天出门，一定LUCKY！

近乡情更却，这里的乡当然不是指我的乡，而是麋鹿的第二故乡。

相约10点的访问，我们早到了1小时，正好可以好好感受一下周围的环境，蜿蜒的道路，广阔的草场，高大的树木，起伏的丘陵，斜风细雨似在传递着这样的信息：中国麋鹿，你的家人来探望你啦！

一踏上乌邦寺的领地，我们便迫不及待地停下车，在乌邦寺动物园的大牌子前留影。办公区是一排很古典的房舍，我们四人在接待室东张西望，对走廊的墙上挂的老照片都很新奇，在挂有马鹿的墙壁下合影后，我便和友人冒着毛毛细雨不失时机地在四处转悠，对铺在路口的防鹿逃跑的设施、小宅院房前屋后的野鸟投食台、屋顶刻画着斑马图案的风向标无不兴趣盎然，这里不仅处处充斥异国苏格兰情调，而且不乏爱惜动物的奇思妙想。

蓦然抬首，目光越过湖面，在水雾苍茫的草场尽头，不正是成群的麋鹿吗？尽管能见度极差，但"他乡遇故人"的情结，还是使我情不自禁地举起相机，摄下这头一眼目击麋鹿的珍贵镜头，近处实的绿头鸭与远处虚的麋鹿，共同构成一幅鸟兽和谐的乌邦胜景。

这时，一辆越野车驶至我们身边，太好了，探访乌邦，看望麋鹿，企盼多年的愿望就要实现啦，备好相机，立马出发！

出访乌邦寺的行程是玛雅博伊德女士（当年麋鹿回归时的英方专家，现为麋鹿苑的外方顾问）事先安排好的。我们如期而至，左顾右盼忙不迭地拍摄着，远远看见一座熟悉的巨大古老建筑物——公爵府，这是我在画片中早已熟悉了的古堡，麋鹿苑工作的人，几乎没有不知道的，如今能亲临现场，实属幸运。我从老远就拍摄下这绿茵尽头一座古堡的公爵庄园的最经典的景致，善解人意的老主管得知我们感兴趣，问，还想离近点吗？我们说当然！于是干脆驱车停在公爵府的正面，大家下车踏踏实实地拍照，留影，再心满意足地钻进越野车，从古堡下经过、西行，很快，眼前的一切犹如电影镜头的切换，从人文内容，全部变成了自然场面。

起伏的草场，丰茂的古木，或伫立、或奔腾的鹿群，麋鹿和马鹿基本都在淡定地吃草，一群梅花鹿见到我们后，立即翻蹄亮掌，绝尘而去。我只拍到一堆鹿的臀部。这时的麋鹿也许是与马鹿在一起对比的缘故，毛色上显得十分的灰白，格外沧桑，茸角恰恰处在生长的盛期，极其粗大。马鹿亦名红鹿、赤鹿，色彩显得格外棕红，鹿角也是完全骨化，公鹿就愈发显得高大威猛，角型夸大其词地顶在头上，极尽华美。相比之下，我们北京的麋鹿此时此刻刚刚处于鹿茸的生长期，麋茸差不多长到一半了。显然比在英国生活的麋鹿晚一两个月，这种差异是气候、季节、温湿度，还是环境、营养的区别使然，都有待于对比研究，加上与国内两个麋鹿自然保护区之间的对比，都是必要，我想，在互联网普及的当今，这种信息的共有与交流，应是容易实现的。

乌邦拍鹿，优势在于环境天然，地势起伏，我们尽可以选择一头或一群雄伟的公鹿，趁其昂立高坡之机，采取仰拍，愈发显得拍摄对象的高大且背景为天空或云朵，甚至日出日落，尽得天时地利之便。可惜我们逗留时间甚短，无暇等待这样的好角度与构图。以往（苑里的杨老师）和未来（石首的李主任）都有在乌邦一呆就是一周甚至一月的，那拍起片子来才是遂心应手，左右逢源呢。这次我们在乌邦寺拍摄的片子总体说来因为阴雨绵绵，画面灰暗，显得不够明丽。但至少给我们一种启示，北京的麋鹿生活区恰可在地势上有改进的余地，因为我们不缺好天气、大太阳，英国人改变不了天气，可我们可以改善地貌，麋鹿生活的地势如果呈现多样性、即达到丰容，既有利于动物，也有利于人们的观赏和拍摄，相得益彰！

午餐安排在乌邦小镇的公爵会所，由鹿类主管驾车带领我们进入这座典雅华贵的私人会所，进入会所，琳琅满目，墙上布满不同时代的老照片，彰显着公爵500年生生不息的家族史和人才辈出的辉煌。厅堂一层窗明几亮，玻璃柜中端放一只白腹锦鸡的标本，华美鲜艳，我情不自禁地说这是中国特有的雉类。由此，想起一个在英说到的趣闻，我发现在一些收藏地或展区，有时会见到这样的字眼"CHINA"，进入观看，全是陶瓷展品，乃至这里的"CHINA"不是中国之意而是陶瓷或瓷器之意，从而想起以前多有朋友从国外回来、包括从乌邦寺回来，都说人家那里还设了一个中国馆呢，专门展览中国的瓷器，这就像此次在英国几个地方见到CCTV字样，一问才知，这当然不是"中国中央电视台"的意思，而是闭路电视的缩语。均是一词多义，切勿误解误读。

午餐与谈事合二为一，我们品着干红，嚼着面包，特别是那上等

在WWF创始人斯科特雕像前

的黄油，在西餐刀叉轻微的碰撞声中，午餐圆满结束。步出餐厅，正要启程，恰遇公爵高大的身影，我喜出望外地向他介绍来访的各位，他热情地与我们一一握手，互道寒暄。我们是2005年为纪念麋鹿回归20周年在北京麋鹿苑见过的，此时是故人相见，分外亲切。大家感到机会难得，纷纷跟公爵合影，公爵在英国是如此高贵的人物，不仅笑容满面、十分和蔼地配合我们拍照，甚至还不乏幽默地换换姿势，令我们十分惊喜。大家喜笑颜开地登上越野车继续跟着参观。下午是参观野生动物园，一路走马观花，随行随拍摄，十分干练的丹还顺便帮我们联系好了下一站——布里斯托动物园的NEIL先生，使我们心里的一块石头落了地，又因为我把电话号码记错了，出门在外，举目无亲，真是不踏实。乌邦寺，虽然远在英伦，作为麋鹿的第二故乡，今日之行，如此亲切，我们感到我们就是麋鹿的娘家人儿啦。

回到初到时的乌邦寺的办公区，取出纪念品——我从中国带来的乌龙茶赠丹以表谢意。正嘱丹转给公爵的礼物，公爵伟岸的身影又及时出现了，太神啦！就别转手了，我亲手将一盒正山小种赠与公爵以及一块丝绸围巾赠给他母亲，因为老夫人也是2005年曾访问北京麋鹿苑。中国人接受礼品不太习惯当面打开，而西方人特别喜欢当面看看，公爵打开茶叶，说这得好好品尝，我想，中国的丝绸、中国茶，留给英国朋友的，恰都是我们值得骄傲的国粹。

至此，特殊的探访之旅，圆圆满满，收获不菲，不仅夙愿以偿地

绿头鸭（实）与麋鹿群（虚）

到了乌邦，看望了故园的麋鹿，还意外地拜会了公爵。下午4点，离开的路上，脑海里忽然冒出一句话：这里是公爵的乌邦寺，也可说是麋鹿的乌托邦（麋鹿绝处逢生的获救之地、生息繁衍的理想之国）。记得有一次一位东北老客说起百年之前麋鹿流落到英国，就说成了乌托邦，当时我还哑然失笑，由此看来，亦非口误啊！

查看更多精彩图片！

鸟瞰 × 夏之鸟羽

夏

夏季，是本地留鸟与迁飞而来的夏候鸟同时呈现的时节，所以，用"热闹"一词来描述绝不为过。从"关关雎鸠，在河之洲"的水鸟，到"嘤嘤其鸣，求其友声"的林鸟，走哪儿闹哪儿，燥热的夏夜，甚至可以伴着知了与小枭的合唱入眠，如泣如诉，如梦如真。

捧读印度诗人泰戈尔的《飞鸟集》，心随鸟飞，意念翩翩，在这里，断章取义地摘录几句："夏天的飞鸟，飞到我的窗前唱歌，又飞去了……鸟儿愿为一朵云，云儿愿为一只鸟……水里的游鱼是沉默的，陆地上的兽类是喧闹的，空中的飞鸟是歌唱着的。但是，人类却兼有海里的沉默、地上的喧闹与空中的音乐。"

长诗不乏警句格言，耐人寻味，如"鸟翼系上了黄金，这鸟便永不能再在天上翱翔了"。甚至套用泰戈尔的这句诗"当人是兽时，他比兽还恶劣"，我不妨嗫瑟嗫瑟，说"当人是鸟时，他比鸟还曼妙"。

黑翅长脚鹬

麋鹿苑中
守株待鹬

抄起高倍望远镜和数码片机，这是我选中的一个特殊组合，

看得出来，既有不惊扰拍摄对象的远望能力，

又有机动灵活的抢拍能力，兼有便携优势。

2011年5月的一个黄昏，本已坐上班车的我准备回家。在班车上，听我们科研部的钟部长说，苑里来了黑翅长脚鹬，我一听愣了半晌，忽然决定，不走了，就在班车即将启动之际，下车了。

回到办公室，抄起高倍望远镜和数码片机，这是我选中的一个特殊组合，看得出来，既有不惊扰拍摄对象的远望能力，又有机动灵活的抢拍能力，兼有便携优势。穿上迷彩工作服，踏着夕阳，向麋鹿苑的深处"哐哐"走去。

"千里莺啼绿映红"，时方春，眼下，正值鸟类迁徙旺季，各种鸣禽蜂拥而至，一路上都有流莺相伴，但我不能逗留，因为，这些莺类实在难认，更难拍到，我就认输吧。在沿着保护核心区围栏的外围坡地，各种动物特别是鸟类出没频繁，从西观鹿台，灭绝动物公墓东行，各种雀类目不暇给。

上了麋鹿苑文化桥，远见单位的白书记拿着他的高级相机走来，我挥手、询问，白书记神秘地开机，向我展示着他拍摄的不认识的大鸟，我一看，也不认识，但至少是鸻鹬类的鸟，马上，顺着他指的方向，我独自悄悄深入到核心区腹地——湿地区域的小河。我拿望远镜向堤岸上一扫，竟然有东西，因为肉眼根本看不出来，这些鸟的体色与泥岸浑然一体，保护色极佳，接近，再接近，其实尚远，用那标准头的相机几乎还拍不到的距离，但通过望远镜，终于拍摄到清晰的鸟片，一只，两只，三只，竟然有一小群这种鸻鹬类的大鸟，长嘴，对，鸟的嘴应该叫喙，长长的喙，短短的尾，麻色的羽，头顶具有纵向的羽纹，当时我真不知是啥鸟，正独树一帜地在那凝神拍摄，斜眼发现左侧有动静，一看，哇，大喜！两只黑翅长脚鹬款款淌水走来，那黑嘴红腿，长嘴长腿，乃是标准的涉禽，浑身几乎黑白反差明显的羽色，简直是凌波仙子一般，我差不多是纹丝不动，略略转移镜头就指向了它们。拍鸟不易，拍摄面向你走来的正面的鸟，眼睛还看你的鸟，就更不容易，毕竟这不是照相馆，人家才不听你摆布呢。好在，我是守株待兔，不，守住待鹬，因全神贯注于其他，竟意外收获了这两只难得的场面。它们一步一步从我眼前走过，还路过了那几只神秘的鸟，可惜动作太快，我的望远镜配相机的拍摄跟进就没那么及时了。远方，麋鹿也悠悠而来，恰与黑翅长脚鹬构成一幅画面，尽管之间距离很远，我还是尽量把它们拍摄到一个镜头、一个画面当中。心里美啊，高兴之余，我就地自拍了一张，沉舟侧畔，留此存照！

回到办公室，迫不及待地翻开《野鸟图谱》，将所见之鸟，与鸟图一一对应，看图识鸟，基本判断，我见到的是一种叫扇尾沙锥的鸟，来自长江以南的藏南、海南、台湾一带，即将飞赴新疆和黑吉辽一带。

无论如何，在本人的观鸟记录上，又一种新鸟诞生了！昨天第一次见到灰头麦鸡，今天见到的扇尾沙锥，也是第一次。黑翅长脚鹬虽然美丽绝伦，但几乎年年相见，算老相识了，而对新鸟的识别和目击，才是我们观鸟者最大的幸福，幸福来自何处，幸福来自自然，来自发现，来自惊喜，来自相互的赏识与祥和。

偶现于麋鹿苑中的扇尾沙锥

［夏季篇］意外之喜
遇白顶䳭

白顶䳭鸟飞走，它也紧随而去，啊！

难道这是一对儿！

后者一定是雌鸟，因为，通常是雄鸟的羽色比雌鸟艳丽，

当然，雌鸟羽色的暗淡是为了抱窝时不暴露目标。

我常常这样说，每到一地，即寻鸟迹，留心拍摄，必有收获！

2012年夏初，随中科院科普演讲团钟团长赴鄂尔多斯的康巴什讲课，课余，早早地起身观鸟。出宾馆，有绿地，先见一只金翅雀，希望拍摄得更清晰一些，待慢慢靠近，举起相机，飞了！正当懊悔因贪心靠近而没能得逞时，两只在地上啁啾的麻雀吸引了我，也顾不上啥鸟了，拍之！一雀还落在花前，构图奇美，令人暗叹：不要嫌鸟孬，就怕位置好。

且行且观，不知不觉来到城边的一座小山下，据我的经验，但凡山水之邻，必会有鸟。于是，神经立马绷紧，果然，金翅，一只，又一只，早已不是刚出门时的那般稀罕劲儿了。渐而发现，这里的金翅多得如同北京的麻雀，羡慕！忽听单调地、嘎的一声，又一声，啊！啄木鸟，我循声望去，一棵大杨树，枝浓叶茂，最适合啄木藏身，于是，我缓缓移步树下，保持身体不动之姿，等待着鸟儿的露头，很快，一只大斑啄木现身了，俄而，又一只，沿着大树伟岸的身躯，寻觅着虫子，上上下下，左左右右，毫不在意我的存在。太好了，它们一定是没把我当人，我身体虽然不动，但眼随鸟动，相机的镜头更是紧紧跟随鸟的身影，终于拍得一组啄木佳片。

正要满意而归，沿着盘山小路偶偶独行，瞥见下方石阶上闪过一鸟，疑似一种我很陌生的鸟，赶忙拍摄下来，放大来看，真是不认识！我掩抑不住内心的激动，跟踪着这只白顶白腹黑上身的鸟，它渐飞渐落，步步把我带向一片砾石堆附近，这时，一只棕色的与白顶鸟（姑且这样称呼）身量相似的鸟挡在了我的面前，似在争宠，或抢镜头。白顶鸟飞走，它也紧随而去，啊！难道这是一对儿！后者一定是雌鸟，因为，通常是雄鸟的羽色比雌鸟艳丽，当然，雌鸟羽色的暗淡是为了抱窝时不暴露目标。只见它俩你来我往，锦瑟翻飞，大有夫唱妇随之相，拍摄到雄鸟，又拍到雌鸟，出双入对，岂不美哉！正得意间，不远枝头竟然还有两只，羽色与雌鸟近似，从扇羽和啼鸣之态判断，特别是它们不太怕人的神色看，应是雏鸟，哈哈！从雌鸟不断在其附近活动，基本可以得出结论：它们是母子关系！我还以一母在前，二雏在后，拍下前虚后实与前实后虚的两组三鸟同在的镜头。

日头高照，我也观鸟、拍鸟相当地心满意足了，到了不得不离开的时候，鸟儿们还在小山下尽享天伦之乐，我一步一回头地渐渐远去，带着满满的收获——喜获"不识之鸟"的照片，怀着求知的希冀，就像怀揣锦囊却不知内藏何物，等待回来后核对鸟谱或请教高人后，才再揭晓答案，那是一种莫名的期待之喜。

很快，我把所拍生鸟的片子放在微薄上，不久，就有热情的网友回复，这是"白顶鵖"。回到家里对照图谱一查，果然，恰是分布于我国西北的一种鸣禽，鄂尔多斯也在分布范围内！这使我的观鸟拍鸟记录又添一种！更为独特的是，由一雄，引见一雌，再见到雏鸟，这样传奇般的经历和拍摄到这种新鸟全家成员的过程，堪为弥足珍贵的经历，观鸟之乐，乐在出奇和求知，乐在对生命世界真、善、美的享受，伉俪之情，亲子之情，雀有其事！而且演绎得淋漓尽致，对这全套的白顶鹏的见识，成为我鄂尔多斯之行的额外收获，意外之喜。

雌性白顶鹏

[夏季篇] 识花闻香
知鸟听声

溪流潺潺，晨昏凭栏，在貌似空无一物的河岸，

水草岸、岩石畔，

时不时便能听到、见到包括鹊鸲、苇莺、长尾缝叶莺、白头鹎、黄臀鹎、

领雀嘴鹎、红尾水鸲、大山雀、白腰文鸟、红嘴蓝鹊、甚至还有红脚苦恶

鸟（起初误以为是秧鸡）等十余种水鸟和林鸟。

一年一度，读书行路。湘西，一提到这个词难免让人想起电影《湘西剿匪记》，而我在此除了读书，主要精力就都投入在观鸟上了。

我们的住处在武陵源的澧水支流——索溪的对面，背山面河，风景怡然。有山水，自然不乏生灵，特别是鸟类，包括之后抵达常德，住在沅江之畔，无不为我观鸟、拍鸟提供了绝佳机会。

溪流潺潺，晨昏凭栏，在貌似空无一物的河岸、水草岸、岩石畔，时不时便能听到、见到包括鹡鸰、苇莺、长尾缝叶莺、白头鹎、黄臀鹎、领雀嘴鹎、红尾水鸲，大山雀、白腰文鸟、红嘴蓝鹊，甚至还有红脚苦恶鸟（起初误以为是秧鸡）等十余种水鸟和林鸟。在宾馆背后的山脚下，一处竹园郁郁葱葱，休憩于石径草亭，眼前不时有鸟出没，每个早晨几乎都是被鸟鸣唤醒，有些声音还真听不出来是哪种鸟在叫，我暗自感叹"花曾识面香仍好，鸟不知名声自呼"。

在张家界的景区内，我与一行中亦有观鸟嗜好的韩老师，各自手持一台高倍镜头的数码相机，惊喜地捕捉到了黑（短脚）鹎、白颊噪鹛、蓝矶鸫等山鸟。同行旅伴们颇为我们俩人的观鸟执着和敏锐眼力所感染，对我们拍摄的鸟影美片而赞不绝口，所以，在车上，每当我向前后左右秀秀鸟片的时候，都难免有些沾沾自喜。于是，晨昏奔忙，观鸟拍鸟，愈加的不可收拾，简直是乐此不疲了。

此行的成员精英荟萃，敏而好学，大家总在问，如何观鸟，这是啥鸟,那是啥鸟,观鸟何益……看来,大家对观鸟这个风靡全球、快乐公益的绿色活动还缺乏了解,有待科普,于是,我便利用旅行中的一晚,安排了一场题为"魅力观鸟"的讲座,我使出浑身解数,首次在宾馆的房间里开讲——魅力观鸟,如果爱鸟,请来观鸟,不要关鸟!如果心中有鸟,眼中自然有鸟……

紫啸鸫　　　　　　　　　　　　　大山雀

太行深处鹪鹩鸣唱

[夏季篇]

鹪鹩虽只见到一只，还是在太行深处小山村的瓦屋房顶上见到的，

观看到的数量不多，质量却极其上乘，

这只处于发情期的鹪鹩在我们面前大秀身姿，大展歌喉，

我们科普和科研两个部门的爱鸟者，一堆相机一字排开，

众星捧月般地围着它拍照，这只鹪鹩不仅毫无惧色，

而且愈发亢奋，卖弄着小嗓，变换着小样，

直到把我们拍累、拍烦为止。

2012年7月中旬，我进入太行峡谷，如鱼得水，捎带手地开展了观鸟、观蛙、拍摄昆虫的活动，一路下来，收获满满，共见到了北红尾鸲、红尾水鸲、绣眼、金翅、鹪鹩、鹟鸰、山麻雀、树麻雀、灰伯劳、白头鹎、大山雀、柳莺、白腰雨燕、黑卷尾、戴胜、蓝翡翠、斑啄木、褐河乌、松鸦、红嘴蓝鹊、喜鹊、灰喜鹊、山斑鸠、珠颈斑鸠、池鹭、红嘴山鸦等几十种鸟类。其中令我印象颇深的，有频频伴我左右、还叼一嘴虫子的北红尾鸲，有略略有别于司空见惯之树麻雀的山麻雀，有偶然精彩亮相的鲜红大嘴的蓝翡翠，有看似黄嘴蓝鹊的亚成年的红嘴蓝鹊，更有辗转啼鸣，昂首翘尾的鹪鹩。

鹪鹩虽只见到一只，还是在太行深处小山村的瓦屋房顶上见到的，观看到的数量不多，质量却极其上乘，这只处于发情期的鹪鹩在我们面前大秀身姿，大展歌喉，我们一群爱鸟者，一堆相机一字排开，众星捧月般地围着它拍照，这只鹪鹩不仅毫无惧色，而且愈发亢奋，卖弄着小嗓，变换着小样，直到把我们拍累、拍烦为止，大家感叹，这要是在原先，使用的是胶卷相机，那还不赔到姥姥家了。

延伸阅读

鹧鸪在古今中外都曾被写入文学作品，最早见于我国《庄子·逍遥游》"鹧鸪巢于深林，不过一枝"，旨在说明以天地万物之大，鹧鸪不过仅仅巢于一枝。晋代张华曾据此语作《鹧鸪赋》（见附）。鹧鸪也曾出现在国外作家的笔下，这是土耳其著名作家 ResatNuri Güntekin 1922 年的成名作品，讲述一对情人的爱情故事，女主人公失去双亲，听到爱人的背叛最后离去，主要讲述之后一系列的她的遭遇与她的坚强的感人故事。1966年，土耳其的电影工作者以同名小说拍成了电影《鹧鸪》，1986年拍成了电视连续剧。

附：

鹪鹩赋

[西晋]·张华

[序] 鹪鹩，小鸟也，生于蒿莱之间，长于藩篱之下，翔集寻常之内，而生生之理足矣。色浅体陋，不为人用，形微处卑，物莫之害，繁滋族类，乘居匹游，翩翩然有以自乐也。彼鹭鹗惊鸿，孔雀翡翠，或凌赤霄之际，或托绝垠之外，翰举足以冲天，觜距足以自卫，然皆负矰婴缴，羽毛入贡。何者？有用于人也。夫言有浅而可以托深，类有微而可以喻大，故赋之云尔。

[正文] 何造化之多端兮，播群形于万类。惟鹪鹩之微禽兮，亦摄生而受气。育翩翾之陋体，无玄黄以自贵。毛弗施于器用，肉弗登于俎味。鹰鹯过犹俄翼，尚何惧于罿罻。翳荟蒙笼，是焉游集。飞不飘扬，翔不翕习。其居易容，其求易给。巢林不过一枝，每食不过数粒。栖无所滞，游无所盘。匪陋荆棘，匪荣苣兰。动翼而逸，投足而安。委命顺理，与物无患。

伊兹禽之无知，何处身之似智。不怀宝以贾害，不饰表以招累。静守约而不矜，动因循以简易。任自然以为资，无诱慕于世伪。雕鹖介其觜距，鹄鹭轶于云际。稚鸡窜于幽险，孔翠生乎遐裔。彼晨凫与归雁，又矫翼而增逝。咸美羽而丰肌，故无罪而皆毙。徒衔芦以避缴，终为戮于此世。苍鹰鸷而受譛，鹦鹉惠而入笼。屈猛志以服养，块幽

斑鸠

萦于九重。变音声以顺旨，思摧翮而为庸。恋钟岱之林野，慕陇坻之高松。虽蒙幸于今日，未若畴昔之从容。

海鸟鹲鹛，避风而至。条枝巨雀，逾岭自致。提挈万里，飘飘逼畏。夫唯体大妨物，而形瑰足玮也。阴阳陶蒸，万品一区。巨细舛错，种繁类殊。鹪鹩巢于蚊睫，大鹏弥乎天隅。将以上方不足，而下比有余。普天壤以遐观，吾又安知大小之所如？

达窝里寒鸦

白腰文鸟

［夏季篇］鸡公山里遭遇鸟浪

就是在这个早晨，我遭遇了鸟浪——即身边树上草丛周遭全是鸟，

松鸦、画眉、棕头鸦雀、绿鹨嘴鹎、红头长尾山雀，

特别是姬啄木鸟，一种迄今为止我所见到过的最小的啄木，

形同麻雀，我还以为这是我此行最大收获，还逢人便讲，

这种啄木鸟叫姬——霸王别姬的姬。

2014年，在河南信阳鸡公山举办的全国手拉手夏令营已经是整整第20期了。我作为科教专家有幸受邀上山多次。

今年上山不同以往，名为体验营，主题是"快乐生存，我真了不起"。我接到"知心姐姐"教育中心总监祝薇的邀请，让我专门讲"观鸟"，这可是我的长项，鸡公山不仅以鸟得名，而且因其独特的地理位置和优越的自然条件，本身就是南来北往鸟类的聚集地，按照当地说法：一个世纪前，几个老外就是随着几只野鸡——白冠长尾雉的踪迹，寻到鸡公山上来的。加上这里位居长江北岸，毗邻武汉，交通方便，此后，大批老外上山修别墅，建教堂，避暑纳凉。

去年，我在鸡公山营地的百花厅，拍到了一只育雏中的频频叼虫的雌鸟。今年，恰恰有幸被安置在百花厅休息，与那鸟巢一墙之隔，一放下行囊，我立马抄起相机寻找，一阵婉转的啼鸣，竟有一只北红尾鸲现身百花厅的东侧，急忙拍下。孰料，接下来的几天，竟然踪迹全无了，回来后有感而发赋诗一首："去年今日此门中，北红尾鸲频叼虫。今年又上鸡公山，照面一声再无踪。"同样，在观景台，初来乍到的午后，灿烂的阳光下，一对白腰文鸟被我拍到，之后的几天也是再没露面。

开营式上，我把去年拍到的鸟片精品一一展示给大家，我想，就用鸡公山的鸟来设身处地地讲解观鸟，岂不更好。果然，效果不错，不仅专家领导们大加赞赏，孩子们也都纷纷向我提出关于鸟的问题，

松鸦

还亲切地称我为"四不像叔叔"——这也算此行鸡公山的一个收获，有名了。

相知无远近，万里尚为邻。古人的预言在现代通讯方式的支持下已成现实。近期活动，无论在哪，都能随时与朋友们分享，为什么？就是因为，我们进入了微信时代，各位新朋老友一见面都是互通微信，相拉进群。我每天也将最新最嗨的景象用手机拍摄，写入微信。甚至微信也是我记日记的小助手了。到鸡公山的次晨，下到营地后面的西坡下，那里有山林与水塘，何鸟出现，妙不可言。就是在这个早晨，我遭遇了鸟浪——即身边树上草丛周遭全是鸟，松鸦、画眉、棕头鸦雀、绿鹦嘴鹎、红头长尾山雀，特别是姬啄木鸟，一种迄今为止我所见到过的最小的啄木，形同麻雀，我还以为这是我此行最大收获，还逢人便讲，这种啄木鸟叫姬——霸王别姬的姬。不料，接下来的清晨，还是在这山根旮旯，我见识并拍到了一种从未见过的鸟——棕颈钩嘴鹛。你咋知道叫啥，那是我把此鸟的图片传到微信上求教，网友和鸟友慨然教授我的，当然，有关鸟话题，我也是常常在微信微博和QQ上指教别人。

鸡公山的夜晚，十分喧闹，闭目听来，前半夜，蝉噪林逾静，这里的蝉——知了的叫声非常奇特，婉转如鸟，夜半，时不时还传来猫头鹰的呼叫，那是后半夜彻夜不眠的呼叫。

凌晨，一些勤于早起的师生、摄影高手都在等日出，大自然向我们展现了最令人心悸的一幕，放眼整个东部的千峰万壑上，伫立着一个个巨大的风力发电机，而乱云飞度、霞光万道的自然景象，把风机装点得时隐时现、壮丽雄奇，我几次来到鸡公山，还是首次目睹这一绮丽景象。

尽管几次到了这里，但是，还有很多亮点根本不曾见到，包括老栈道、老园林……我最高兴的是在一棵高大的松树干枝上见到一对松鸦，而与此同时，一只蝴蝶翩然落在了我的指间，那是我持相机的手，咋办？急中生智的我，用另一只手掏出手机拍下了这个奇巧的场面，有人说自拍者属于神经病，那我就算神经病中的神经病了吧。并且非常神经地诗性再发："我上鸡公山，疑似云中仙。野鸟唤我鸣，蝴蝶落指间。"

姬啄木鸟

[夏季篇] 衡水四宝 惊鸿一瞥

顺着一条狭窄的土堤进入湖区，顿时，两旁的水禽此起彼伏，

令人目不暇接，满车之人欢腾雀跃，

念叨出一个个鸟的大名：凤头䴙䴘，小䴙䴘、草鹭、苍鹭、池鹭、白骨

顶、黑水鸡、须浮鸥、珠颈斑鸠、普通翠鸟、家燕、白头鹎、黑卷尾、大

苇莺……

而真正的衡水湖的鸟明星并未露面。

说起衡水，以酒论英雄的人们往往联想到"衡水老白干"。其实，衡水更著名的是衡水湖，记得最早听说衡水湖湿地，是在自然之友的一次聚会上遇到一位来自衡水湖保护区的叫鸿雁的女孩，当时我还把陆游的一句"伤心桥下春波绿，曾是惊鸿照影来"介绍给她。去年我曾在衡水的桃城区讲座，但仅仅是河北巡讲中的一站，又与衡水湖失之交臂。2013年7月初终于得到北京观鸟会将赴衡水湖观鸟的信息，立马报名，以了心愿！

　　周六早7点，一辆大家合租的金杯面包车，载着我们12位观鸟者从公主坟出发，顺京开上广大高速，奔赴衡水湖。素不相识的一车人，经过一个个的自我介绍，也没太记住谁是谁，但此行最记得住的乃是衡水湖的鸟——特别是被我们誉为衡水四宝的水雉、彩鹬、青头潜鸭、震旦鸦雀。其实这里的名鸟很多，国家一级、二级保护的鸟类比比皆是，只是在这个季节里，在短短一两天的行程里，难得一见。

　　衡水湖是一个国家级的自然保护区，坐落在河北省衡水、冀州、枣强之间的三角地带，是华北平原的一个难能可贵还保持有沼泽、水域、滩涂、草甸和森林等完整湿地生态系统的自然保护区，衡水湖别名"千顷洼水库"，湖面75平方千米，仅次于白洋淀，是华北平原第二大淡水湖。经4个小时的疾驶，我们终于在11点多抵达衡水湖，首先映入眼帘的是热热闹闹的湿地公园景区广场，这与多数开发了的旅游点没有什么区别，但是，建筑物挤走了自然物，人多，鸟必少，我们毫不犹豫地避开繁华，沿湖而下。顺着一条狭窄的土堤进入湖区，顿时，两旁的水禽此起彼伏，令人目不暇给，满车之人欢腾雀跃，念叨出一个个鸟的大名：凤头䴙䴘，小䴙䴘、草鹭、苍鹭、池鹭、白骨顶、黑水鸡、须浮鸥、珠颈斑鸠、普通翠鸟、家燕、白头鹎、黑卷尾、大苇莺……而真正的衡水湖的鸟明星并未露面。天水一色的不远处，明晰可见的却是离湖区近在咫尺的建筑物，的确，衡水湖北倚衡水市，南靠冀州城，一湖连两城，焉为看不到环湖高耸的楼房，即最受地产商、开发商垂涎的水景房。

历史上，衡水湖是古代广阿泽的一部分，相传，周定王五年（公元前602年）这里就有一个大湖泊。历史资料中多有记载，《汉志》中提到："信都县有洚水，称信洚。"《洪志》中指出："海子所谓河也，又称洚水，即冀州海子。"《真定志》记载："衡水盐河与冀州城东海子，南北连亘五十余里，旧名冀衡大洼。"我们更关注的是对其生物多样性的记载，果然在《信都竹枝词》中也有相关记载："漳河水浊滏水清，二水同流静不争。中有鲤鱼长尺半，为郎伴作解醒羹。"历朝历代多对衡水湖进行过水利改造和建设的行动，特别是新中国成立后，到1978年，衡水湖已成为一个能引、能蓄、能排的成套蓄水工程，故而称为"千顷洼水库"。从环境演变的阶段来看，岁月荏苒，衡水湖形成今日的湿地生态环境，具有自然性、稀有性、典型性和生态脆弱等特点。这个湿地保护区属暖温带大陆季风气候，四季分明。七月流火，此季恰是夏季，酷热难耐，但大家还是简单地吃了点从北京带的食品，便奋不顾身地投入到湿地观鸟的行动中。

衡水湖湿地和鸟类分布区处于太行山麓平原向滨海平原的过渡区，又是鸟类南北迁徙的必经之地。其独特的地理位置和优良的水质资源孕育了丰富的物种多样性，据记载，在衡水湖栖息的鸟类多达317种。湖内荷花盛开，人鸟共处，沙鸥翔集，舟行莲动，充满诗情画意。我们先沿后韩村的南北堤及滏阳新河旁的树林一带观察，戴胜翩翩，杜鹃声声，鸥鹭点点，卷尾啁啾，不可思议的是，在湖边树林中令我们盘桓许久的竟是一窝灰喜鹊。本来但凡成熟的观鸟者都不会对大众鸟种——喜鹊多看一眼的，可北京观鸟会的付会长还真绝非徒有其名，在那窝喜鹊巢里竟发现了一只花鸟，幼年的喜鹊怎能是这样呢？经过大家仔仔细细地观看，又查书，又拍照，揣摩"鸠占鹊巢"这句成语的含义和杜鹃到其他鸟种的巢中下蛋的卵寄生行为，基本判断这个大眼睛、花身子、长嘴巴的家伙就是一只幼年的杜鹃。奇怪的是，它竟和一只小喜鹊同居一巢，我们眼见喜鹊妈妈来喂过小喜鹊，母鸟会不会喂这个寄生者，不曾发现。直到看得我们脖子发酸，两眼发直，也难解究竟，看来，大自然的事物并非一种模式或单一答案，杜鹃的寄生结果也并非随心所欲，一帆风顺，看那小杜鹃的可怜相，也许寄生的把戏已被大喜鹊识破了，它将被活生生饿死，亦未可知。

午后，我们来到后冢村，后冢——冢高14米，东西、南北各长60米，占地3600平方米，据说是汉墓，为河北省重点文物保护单位。在其附近溜达，我们观察到大批水禽，但多是草鹭和须浮鸥，傍晚，终于在后冢附近的芦苇荡遇见了我的梦中之鸟——有鸟中大熊猫之誉的震旦鸦雀。开始，满耳都是东方大苇莺的鼓噪，随着我们的步伐渐渐深入芦荡，我的高倍数码相机随时开机待命拍摄，见有一鸟昂立苇梢，便按下了快门，并没有来得及判断，但闻身旁一位鸟友惊呼，这不就是震旦鸦雀吗？真的？于是，我更是屏住呼吸，连按快门，一只，又一只……傍晚的蚊子疯狂地扑了上来，在我腿上、臂上、脖子上、手指上，都落满了蚊子，甚至嘴唇也挨蚊子亲了一口，却无暇理会，我一口气拍摄十几张震旦鸦雀的照片，便飞也似地逃出芦苇荡，此时已是遍体鳞伤，但毕竟带着胜利果实——震旦鸦雀的照片，可谓痛并快乐着。震旦，听这名字就足够神秘，它代表着一个地质时代，也曾是上海一所教会大学和博物馆的名称，这种鸦雀荣获此名，可见它是多么的非凡。回到投宿之地顺民村，另一种名鸟水雉就在我们住处的附近出没，一群身着迷彩，架着大炮的拍摄者一字排开，等候着水雉的出现。可惜，我的相机连拍功能很差，只拍到两张很远的飞翔版的水雉。好在我曾于多年前在印度见过这种鸟，记得当时惊叹，世界上还有这样水陆空全能的鸟。事实上，很多鸟都是全能型的。

　　湖水荡荡，碧波粼粼，接天莲叶，一望无际，被誉为"燕赵最美湿地"衡水湖，真是该地区的一张再美不过的、彰显"美丽中国"自

白眼潜鸭

然特质的生态品牌、生态名片。可叹这方看起来很美的水土，也不是世外桃源，先是听说住在湖区最好别直接饮用本地的水，吓得我们干脆就喝矿泉水，次日一早见到湖心岛附近的一群白骨顶中，竟有一只颔下长瘤子的幼鸟，母鸟在悉心照料着这畸形的雏鸟，其情其景感人至深。我们常说野生动物是环境质量的标志物，也许动物种类的多寡与鸟类质量的优劣，的确也能为我们透露环境状况的一鳞半爪。

好在我们国家从上到下保护理念都在加强，衡水历届党政领导和全市人民像爱惜自己眼睛一样爱惜衡水湖。在其倡导的"八种理念"中有几条令人瞩目：衡水就"风水"，湖面就"脸面"。不与湖面争脸面，不与湖面争空间，不与鸟类争速度，不与花木争位置；保护、利用不好衡水湖，既对不起历史更对不起未来，既对不起先人更对不起后人，既对不起生态更对不起生存，既对不起岗位更对不起职位，既对不起组织更对不起人民；保护胜于一切，保护高于一切，保护优先一切。污染水源、有损资源——罪人，保护不好和利用不好——庸人，有效保护和科学利用——高人；被动保护不如主动保护，减污治标不如正本清源。说得真好，但愿说到做到，美梦成真！

我们常把美妙的意境说成是如诗如梦，在衡水湖观鸟的次日上午，我们临水而立，心满意足，为何？因为梦想成真，想见的目标鸟种基本都见到了，昨日见到了震旦鸦雀、水雉；今晨5点起来，见到了彩鹬，尽管只是一闪而过，与一般鸟类的羽色相反，雄性暗淡，雌性鲜亮，疑似一对彩鹬在骡马附近觅食。

"飘飘何所似？天地一沙鸥"，我们还发现，这满目飞鸥，南来北往，绝非无目的地瞎飞，从芦荡飞出的都是空手而来，从荒野湖岸飞往芦荡的几乎都是口衔野草（可见荒地野草价值的重要），鸥鸟们分明是在忙着运输巢材，准备繁殖，这飞来飞去的不仅有须浮鸥，还有家燕、金腰燕、大杜鹃。透过眼前鸥鸟构筑的鲜活画面，远方静谧的苇塘深处浮着一只白眼潜鸭，就近，更有一只极其珍稀的青头潜鸭，它们出双入对，相依为命，忽然"白眼"趁"青头"熟睡，游向对岸的另一只鸭子，俄而，又浪子回头，返到"青头"身边，个中情

棕头鸦雀

节，令人浮想联翩，可惜，这时一条载着游客的小船穿过莲池，滑向湖的深处，终于，"可怜一顿无情棒，打得鸳鸯各一方"，小船惊飞了这一对潜鸭，从而，我们构思的琼瑶版的野鸭之恋、江湖之梦也被打破。所幸，那只潜鸭起飞的一瞬，被我"惊鸿一瞥"及时定格在相机的镜头中。短短两天，北京观鸟会的十几位观鸟者在衡水湖观鸟，共记录到52种鸟，而我的贡献估计也就是大山雀1种，但我追求的不是数量，而是质量，一种高质量的观鸟生活、超凡脱俗的观鸟性情、充满诗意的观鸟境界。

"有诗无鸟不精神，有鸟无诗俗了人"，衡水湖观鸟，这画意中的诗情到底如何描述，实难用确切的语言文字言表。在古代述及衡水湖的诗句中，我独爱这首《咏衡水湖》，因为这首一字诗似乎预言般地准确地描画、道出了我的心境：

一湖蒹葭一湖花，

一湖鸥鹭一湖鸭。

一叶扁舟一钓翁，

一湖碧波一湖霞。

[夏季篇] 另类榜样
鸠占鹊巢

我们倒是以文明自诩，却使众多生灵惨遭涂炭，

甚至一一走向灭绝，

人类与杜鹃，在对待生命的态度上，到底孰是孰非呀？

更何况，被杜鹃在巢中下了蛋的鸟类，

也不是完全的糊里糊涂，我们看到的这一幕，就似乎另有隐情。

前不久，我们北京观鸟会前往衡水湖观鸟，在一片树林中，见到了这样特别的一幕：在一个灰喜鹊的巢中，不仅有一只小喜鹊，还有一只浑身羽色斑驳的小鸟——杜鹃的雏鸟。成年喜鹊时不时飞来投喂，小小的杜鹃便张开大大的嘴巴乞食，但母喜鹊总是把虫子喂给小喜鹊，在我们观察的半个小时里，也没见到杜鹃雏鸟得到饲喂，这就引起了我们的疑问和遐想。

众所周知，鸠占鹊巢这个成语以及其中的典故，成语比喻的是抢占别人的房屋，但故事描述的是杜鹃这类鸟，总爱把自己的蛋下到别的鸟的巢中，让人家给孵化，杜鹃雏鸟出壳后，还会把人家巢中的小鸟挤出去，自己独占母爱，待母鸟糊里糊涂地将别人的雏鸟——杜鹃喂大后，杜鹃便一走了之。

多少年来，我们一代一代，就是听着这样的故事长大的，而且还夹杂着谴责成分——说杜鹃是不劳而获的坏鸟，占人家便宜，甚至道德败坏。我经常反问，你说杜鹃不好，可它寄生的鸟因此消失了吗，没有，照常繁衍，世代延续。我们倒是以文明自诩，却使众多生灵惨遭涂炭，甚至一一走向灭绝，人类与杜鹃，在对待生命的态度上，到底孰是孰非呀？更何况，被杜鹃在巢中下了蛋的鸟类，也不是完全的糊里糊涂，我们看到的这一幕，就似乎另有隐情。母鸟在不速之客——杜鹃来到自己家里的时候，照常投喂自己的孩子，寄生者——小杜鹃倒成了嗷嗷待哺的可怜的角色。

我们分析，鸠占鹊巢可能是确有其事，但绝非一种模式，这位鸠——杜鹃往鹊巢下蛋的时间有早有晚，在喜鹊刚下蛋后，杜鹃及时把自己的蛋下到人家巢中，可能会出现成语故事里的现象；如果喜鹊的蛋都快孵出来了，杜鹃刚来下蛋，人家的雏鸟比你杜鹃的雏鸟先降生，任你杜鹃多么霸道，又怎能轻易将身大力不亏的喜鹊雏鸟挤出鹊巢呢？我们见到的一幕也许就是这般情景，最后僵持在一起，一切都有赖于喜鹊的母爱了，她愿意顺便喂喂这只杜鹃雏鸟，小家伙就能活，不愿意，就只有死路一条了，反正你亲生的杜鹃妈妈是不再管你了。我们所见的一幕，便是这另类的鸠占鹊巢。

这里，我还要澄清三个事实：

一是故事里常说杜鹃偷偷将蛋下到人家巢中，非也，它们都是明目张胆、大声呼叫着强行把蛋下到人家窝里，大声地呼叫，乃是在做巢址侦查，孵化中的鸟一发出抗议之声，杜鹃就算找到产卵目标了；

二是杜鹃不是仅仅指一种鸟，大家常常听到"布谷"、"布谷"的声音，那是二声杜鹃，发出"光棍好苦"的叫声，那是四声杜鹃，还有五声杜鹃、八声杜鹃……

三是所谓的鸠占鹊巢，鹊绝非仅指喜鹊，还包括柳莺、鹎类等许多鸟类都是杜鹃寄生、产卵的目标，它就是这种行为，说不上道德不道德。

万物相形以生，众生互惠而成，千百万年动物们就是这样协同进化的，相得益彰，无可厚非，而大自然的千变万化，妙趣横生，倒是可以使我们学无止境，"活到老学到老"。

　　我们观鸟者常说一句话，若鸟与书有异，舍书而就鸟。因为在自然界观鸟过程中，常常发现一些与书本上描述不尽相同的地方，是书错了，还是鸟错了？当然是书，因为，书是人类对自然规律的认识的一种体现，而我们对自然的认识终究是有局限性的，需要不断完善、补充、提高。面对自然现象，乾隆皇帝就曾这样感叹："天下之理不易穷，而物不易格者，有如是乎。"

反嘴鹬

水天之间
鹬飞鹬落

汽车下了柏油公路，在两旁均为盐池的土路上颠簸前行，

车窗两边全是水域，水上尽是鸟类，

鸟中多是涉禽，涉禽中多为鸻鹬类，其中绝大多数是鹬。

说到"鹬"这类鸟，大家未必熟知，

但一说"鹬蚌相争渔翁得利"这句成语，大家就会顿时有所反应。

2013年8月24日，对我这个麋鹿保护从业者来说，本来是一个特殊的日子——麋鹿回归祖国纪念日，这天，我参加了一个好玩的活动，随北京观鸟会赴河北乐亭观鸟。

乐亭，在我心目中名气很大，渤海潮起，滦河冲击，西接曹妃，大钊故里。但乐亭还有个菩提岛，我是第一次听说，这是海滨附近的一个与陆相连的"岛"，2.4平方千米，明代就建有寺庙，几度兴废，此时既有寺，还有庵，乘坐游船上岛的游客多是来逛庙的，而我们恰恰不是，我们就捡人少地荒的去处走，干嘛？观鸟。在菩提岛，所见最清晰的要数北灰鹟了，还有伯劳，以寺庙为背景，形成人文与自然的合一；一只猛禽在天际线沉浮，与树端站立的白鹭构成巧妙的重叠，猛禽与涉禽，难得的对比。蚁䴕是一种接近啄木鸟的攀禽，是吃蚁类为主，我曾在麋鹿苑见过一次，是在地面上，那时我理解它们食蚁，可这回却是在树上，甭管咋样，这次我算获得这种鸟的个人记录中从未有过的清晰画面，耶！

岛上的观鸟，只是此行的一个小小序曲，更难以忘怀的场面则是在三友盐场观鸻鹬，在乐亭的两天里，我们几乎把大部分时光都打发在这里。幸亏有乐亭观鸟会的大胡子田会长陪伴，我们才能深入到盐场的核心区域。汽车下了柏油公路，在两旁均为盐池的土路上颠簸前行，车窗两边全是水域，水上尽是鸟类，鸟中多是涉禽，涉禽中多为鸻鹬类，其中绝大多数是鹬。说到"鹬"这类鸟，大家未必熟知，但一说"鹬蚌相争，渔翁得利"这句成语，大家就会顿时有所反应，看来做科普，还得文化与自然相互映衬着、对应着进行提示。

　　一般来说，鸟见人就跑，但见车经过，动作总是迟滞一些，不到近前，不忙着逃跑。我们的旅行车目标很大，可两旁的鸟根本不把我们放在眼里，它们似乎知道车不会冲过来，这就给观鸟者近距离看鸟的机遇。可惜行驶中不利于拍摄，所以，满眼的美景，无法留在图片中。我们所见最多的就是黑翅长脚鹬，因为它们纤细的身材，黑白反差明显的羽色，与其他鹬类截然不同。车一停下，尤其是人一走来，众鸟纷纷逃跑，无一例外，它们眼中的"人"就是一个形象——"自大加一点"，有点"臭"！好在我的高倍相机不必挨近人家、烦扰人家，功能强大，价格低廉，一部机子价格在3000元人民币，仅及那些玩大炮的机子价格的十分之一，甚至差得更远。尽管我的相机质量也差得很远，但识别种类，毫不逊色，何况关键在人，在人的观鸟识别能力。我认为，拍鸟的决定因素在思想，而非设备。试想，你即使配备有顶尖级别的拍摄装备，对鸟视而不见、听而不闻，又如何得心应手地拍鸟摄鸟呢？

　　一座硕大的盐场怎么会有这么多的鸟呢？田会长的热情讲解为我们释了疑，乐亭海滨本是鸻鹬类迁徙的必经之路，可惜海滨大搞旅游开发，现代版的"鹬蚌相争"，使这些鸟不得不屈居于盐场，好在这里业务清冷，人丁不旺，正好给野鸟一方歇脚、觅食的天地。仔细端详眼前大片大片的飞禽，几乎80%都是鹬类，白腰草鹬、瓣蹼鹬、塍鹬、翻石鹬、反嘴鹬、黑翅长脚鹬、红脚鹬、红颈滨鹬、尖尾滨鹬、大勺鹬、林鹬、青脚鹬、弯嘴滨鹬、泽鹬……简直令人眼花缭乱，甚至使我这"菜鸟级"的观鸟者有些抓狂。我们通常把这些滨水涉禽称为"鸻鹬类"，在分类上，它们属于鸟纲、鸻形目，包括以鹬科为主的水鸟，仅鹬科就达50种之多，而彩鹬、蛎鹬、反嘴鹬、瓣蹼鹬，这些叫鹬的鸟还都单独成科，它们中有些种类之间的特征明显，刚才说了黑翅长脚鹬的黑翅、红腿，还有反嘴鹬，那极度夸张上弯的喙端，让人一看就辨认得出来，而与之相反的是大勺鹬，它们的喙偏偏反其道而行之，喙端极度地向下弯，真是造化千奇百怪，各有各的妙用。

在千亩麋鹿苑的湿地，我估计一年里能有几种鹬出没、路过，但个头、形态都相差无几，我只是辨认出比较个色的黑翅长脚鹬，其他几乎都被我称为白腰草鹬了，我的判断对、还是不对，有待高手断定。无论怎样，乐亭之行，水天之间尽是鹬类的画面，给我的视觉感受实在是太强大、太震撼、太有冲击力啦，现在一闭上眼睛，还能幻化出那"万类霜天竞自由"的鹬飞鹬落之湿地景观。

湿地中的鸥鹬类

[夏季篇] 千种风情
沅江寿带

我独自在沅江岸边观鸟，就像一台完整的剧目，

先是见到几种鹡鸰，白鹡鸰、山鹡鸰，几种鹎，白头鹎、红臀鹎，还有鹊

鸲、伯劳、白鹭、乌鸫、大山雀等等，

特别是白眉姬鹟，下身鲜黄的颜色，令人眼前一亮……

昨日从鄂返，今即奔湘西。这些年，科普巡讲是我工作生活中的常态，尽管舟车劳顿，却也乐此不疲，公益演讲，宣扬环保，固然意义非凡，我的最大的乐趣还是在于观鸟、拍鸟。"科技列车"是科技部多年来实现科技科普下乡的著名品牌，我参加了中科院的科普演讲团、参加了中国科协的"大手拉小手"巡回演讲，可就没有机会参加科技部的这个活动，此行是在科技部农村中心工作的一位民革党员的力邀下终于成行的，不料竟实现了三大"科字头"的大满贯。

　　2013年5月17日，我们上百名来自各行各业的专家学者齐聚北京站，登上北京至吉首的列车，两天后人家分别下乡，令我窃喜的是，给我排往的地方很偏僻，是位于湖南省西部、湘西土家族苗族自治州东南部的泸溪，这里山水毓秀，人杰地灵，是中国盘瓠文化的发祥地；是屈原流放期间的栖住地，我还慕名渡江登上橘颂塔；还是沈从文解读上古悬棺之谜的笔耕地，讲课完全驾轻就熟，最令我激动不已的还是观鸟，在沅江之畔的铁山河大桥附近，我们见到了著名的、从未敢奢望见到的名鸟——寿带。

　　19日午后，讲完课，我独自在沅江岸边观鸟，就像一台完整的剧目，先是见到几种鹡鸰——白鹡鸰、山鹡鸰，几种鹎，白头鹎、红臀鹎，还有鹊鸲、伯劳，白鹭、乌鸫、大山雀等，特别是白眉姬鹟，下身鲜黄的颜色，令人眼前一亮。

白眉姬鹟

　　我顺着沅江的堤岸一直向落日的方向走着，江边偶尔有些洗衣的、遛弯的、约会的，很是悠闲，而就在这看似无所事事的杨柳岸上，我见到一只相貌怪怪的、我完全不认识的鸟，它的体态如同白头鹎，棕色的羽毛，灰色的腹毛，略有冠毛，还是蓝眼圈，正在嘀咕是啥鸟呢，其伴侣的出现竟使我豁然开朗了，一只身体欣长、尾羽更长的鸟偏偏而至——啊，是寿带，在各种雀鸟中，尾长能在身体3倍以上的鸟实在罕见，寿带正是因此而得名。我观鸟多年，对寿带早有耳闻，只是无缘见到，此来湘西，也未曾想到能见如此稀罕有名的鸟，但见那美妙绝伦的雄性寿带，飘逸地飞来飞去，时动时静，或与雌性追逐嬉戏，或在树梢之间表演飞行技巧，蓦然，那看似尾大不掉的雄鸟捉住一只蜻蜓，叼在嘴上，还飞来飞去。我如醉如痴地欣赏，不紧不慢地拍摄，一对寿带似乎就没把我放在眼里，既不回避，也不惊恐，为我上演了一幕黄昏鸟之恋，可惜我独自观鸟，身旁没有伙伴分享快乐，也无法跟路人显摆，否则人家会以为你是神经病，真个是柳永词中"便纵有千种风情，更与何人说"的境界。

紫寿带

朱鹮

子遗物种
[夏季篇] 秦岭四宝

如今，朱鹮已脱离濒危险境，

成为中国拯救濒危鸟类的成功范例，

据说朱鹮数量已逾2000只，

能不能看到，对我还是一个谜。

2014年暑期，我们的老科学家演讲团安排我赴秦岭为中国少年科学院组织的动植物考察夏令营做讲座和辅导。遥想20年前，我还在北京濒危动物中心工作，曾为金丝猴、扭角羚的引种项目，几度登上秦岭，这次算是故地重游了，所以特别兴奋！但20年的光景，恰逢中国经济飞速发展时期，"再造秀美山川"的豪言，令人唏嘘，秦岭，变化太大了。

2014年7月20日午，航班正点抵达西安，趁讲课之前的几个小时，先去探望了我的舅舅舅妈一家人，舅舅八十有一，精神矍铄！令人高兴。到驻地才知，这个夏令营是来自舟山与佛山的中小学生，我便笑谈"舟山有佛，佛山有舟"。

晚上的讲座，为大家介绍了秦岭四宝：大熊猫、金丝猴、朱鹮、金毛扭角羚。上山之前，也有必要把秦岭作为中国的一条奇特山脉做个铺垫式的讲解，其实我也是现学现卖。

秦岭之所以拥有如此得天独厚的生物资源，得益于其独特的地理位置和地貌特征。在中国版图正中央，秦岭是自西向东最高山脉。也是呈东西走向的山脉，由此，几度冰期，寒流南下，严寒冰雪都被阻隔在秦岭以北，使岭南物种劫后余生，一些甚至是孑遗物种。

在动物学家眼里，秦岭将动物区系分为古北界和东洋界，南北方两类动物都会在此交会、融合；在地理学家眼里，秦岭是南北方的分界线，是长江黄河的分水岭；在气候学家的眼里，秦岭是亚热带和暖温带的过渡带；在文学家的眼里，秦岭和黄河并称为中华民族的父亲山、母亲河，秦岭被尊为华夏文明的龙脉；在史学家眼里，秦岭是蜀国与魏国的天险国界。"蜀道难，难于上青天。"

21日一早，我们饱餐战饭，七点半出发，踏上翻越秦岭、奔向陕南汉中方向的高速公路，中午不到，便抵达洋县午餐了，如此之快，在20年前，是不可想象的，一路上，我不断向高速公路附近蜿蜒的小路望去，寻找当年"西当太白有鸟道"的艰难路程，回味当年的林业厅保护处处长曹永汉为保护朱鹮频繁往返于此，被宋健誉为"人在曹营心在汉"的感人故事，如今，朱鹮已脱离濒危险境，成为中国拯救濒危鸟类的成功范例，据说朱鹮数量已逾2000只，能不能看到，对我来讲还是一个谜。

下午，从县城驱车十几分钟就到达"朱鹮家园"，一个大院子，几排笼舍，还有一个巨大的笼网，供人观看人工繁育的朱鹮，笼舍隔着丝网不便拍摄，好在大笼网有些缝隙，勉强可拍，我正挖空心思到处寻找拍摄角度，走上一处观察室，正好居高临下，使用高倍相机拍摄，这下，使我获得了从未有过的朱鹮美片，特别是朱鹮进食泥鳅的珍贵镜头，探访朱鹮之旅，可谓满意而归。晚上，本想拜访一位多年前认识的老友翟天庆，他原是朱鹮保护区的书记，已退休，可惜未事先约好，他在山里守护着朱鹮的育雏，不便前来，我只好宅在宾馆，看了一个久闻其名而始终没机会看的电影《马语者》，也不错。

川金丝猴

22日早餐后，集体登上大轿车，我们将奔向夏令营的第二站——佛坪。一上路，我就给同学们讲开了，鸟的类别，观鸟的妙谛，秦岭的动物，熊猫、朱鹮、羚牛、金丝猴……更为惊喜的是，一不留神，我们竟然走上一条依山傍水的老道，一下子使我找回了当年的感觉。如果说，秦岭四宝中，我对朱鹮、熊猫都是口头上的知识，那引种羚牛则是我当年来到秦岭深处留坝的主要目的。

我对四宝中最熟悉的动物莫过金丝猴，那时，我不但几次进入秦岭引种、考察金丝猴，而且做了几年金丝猴的饲养员，甚至作为中国猴饲养专家被中国野生动物保护协会派往都柏林动物园，带金丝猴出国工作，纯属沾了猴的光，而在当年供职的濒危动物中心，我作为金丝猴饲养员，还成功繁育了这里的第一只金丝猴，记得当时我给小猴起的名叫"豆豆"。

下午前往熊猫谷，但名实不符，在熊猫谷，没见熊猫，倒是过了一把与"老情人"金丝猴意外相会的瘾！

经摆渡车送我们进入熊猫谷的腹地，过吊桥顺山路拾级而上，没走多久，高树上传来动静，抬头一看，啊，有动物，是猴，是金丝猴，我简直有点不相信自己的眼睛，赶快举起相机，仰拍几张金丝猴在树端活动的场面，但闻上方有人声，赶紧加快脚步，上气不接下气地近前一看，满眼都是金丝猴，在一帮游人跟前旁若无事地理毛、哺乳，甚至睡觉，倒是有个保安人员，有个研究人员，可还都是人啊，这到底是咋回事吗？如此高贵矜持、机警敏锐的精灵，怎么竟不怕人了？眼前的金丝猴大大小小70多只，都在距离山路人群几十米、十几米、近到几米的位置，甚至有个别半大猴还大大咧咧地在游人的人群中穿行，坐卧，也有接触的动作，也有游人、包括我们夏令营的师生要掏食物喂猴的，被我制止。我和当地的工作人员一致的意见是：金丝猴是叶猴类，不适于吃人们投喂的干粮，即便是可以进食的水果，也有交叉传染的防疫问题。当然，这些猴子在美食面前是没有自控力的，给了就吃，可是吃多了就会受到伤害，我曾做过几年金丝猴的饲养员，对其特殊的食性很清楚。

拍足了照片，用手机、相机，还发了微信，可以说这十几分钟获得的照片是我几年饲养金丝猴都没能得到的自然状态的片子，按理说，我应该大加肯定和感谢这里的管理者，有如此难得的机遇与猴共处。可惜，我实在是高兴不起来，眼前一时的得意，换来的会不会是这些金丝猴命运的危机？它们不怕人了，心理是否变态？它们依赖投喂，生活是否还能自理？诚然，这种方式要比抓金丝猴到动物园，到囚笼中展示，要好1000倍，毕竟管理者给野猴们还留有来去自由的空间和余地。

这使我想起目前很多保护区都把保护对象驯养成秀场的演员，在满足客人见到、拍到、欣赏野生动物的同时，管理者也获得了生态旅游的收益。似乎达到了双赢，可是不要忘记，在接待者与参观者之外，还有一方，就是野生动物，这也是令我纠结的原因，到底把野生动物诱导到游人面前，对不对？反正诱鸟拍照是不合适的。

眼前的情景更使我联想到峨眉山的猕猴，那些叫藏酋猴的猕猴因为人们的投喂而来，不明人间事理的猴子们却把人功利的饲喂行为看成理所当然的食物来源，不给吃的就翻脸，以致出现猴抢食甚至伤人的恶果，再去惩治"猴凶手"，但愿峨嵋猴的悲剧不要在高贵的秦岭金丝猴身上重演，但即使是悲剧，那也完全是人类一手导演的。最后，我只得用"两害相权取其轻，两利相衡择其重"安慰自己。

熊猫谷的一位负责人给我的解释，还算令人安慰，这些金丝猴完全是自由的，最近是一天4次的投食，才把它们挽留在这里，其实在夏季里，它们如非人工投食，早该迁移到较高海拔的凉快些的山林中去了，否则那一身厚厚的金丝外套就显得太热了。过两天，这群金丝猴便会离开熊猫谷，回到大深山，云深不知处了。啊？原来，把野猴招来，与人近距离、甚至零距离接触，还不就是为了迎合我们吗？一群少见多怪的城里人。消费引导生产，吃肉导致杀戮，因你要看猴人家才引，原罪竟是我们呀！

吃泥鳅的朱鹮

查看更多精彩图片！

三宝鸟

[夏季篇] 神农故里
取鸟美图

于是，我利用每个早晨，黎明即起，暴走观鸟。

在株洲的两天，分别东过湘江，到神农公园；

西奔神农雕像，至神农城湿地。

最后发现，跑得虽远，收获最佳还是眼前。

2015年5月下旬，在中国科协与湖南省科协安排下，我随空军大校焦国立率领的中国科普作家演讲团在湖南郴州、株洲、湘潭做了整整一周的科普巡讲，讲座对我已是驾轻就熟，现在，我又常将初到一地即刻拍摄的鸟图，呈现于众，同享美图，效果很好。

"读万卷书行万里路"，近年在各地巡讲，每到一处了解当地掌故，受益匪浅。到郴州才能感受到这里为何被誉为林城福地；到湘潭才知啥叫群星灿烂，蜀汉名相蒋琬、晚清重臣曾国藩、文化名人齐白石、一代领袖毛泽东、开国元帅彭德怀、开国大将陈赓等名人的故里都在这里；而株洲，以往只知道这是中国南北铁路大枢纽，抵达方知这里竟是炎帝神农氏安息地，湖南第一高峰叫神农峰；过了湘江，还有一座神农公园。

于是，我利用每个早晨，黎明即起，暴走观鸟。在株洲的两天，分别东过湘江，到神农公园；西奔神农雕像，至神农城湿地。最后发现，跑得虽远，收获最佳还是眼前。

宾馆紧邻株洲市政府大院，羡慕南方多湿地啊，到过很多市政府大院，而院内具有一个大湖的市府大院，还是第一次见。中午，骄阳似火，人们都在午休中，我悄然走进相邻的这个大院，也许是太晒的缘故，水面附近没有什么鸟，草地偶有鹡鸰飞过，树林掩映的办公区和宿舍区倒是鸟鸣啾啾，被我称为"菜鸟"的白头鹎居多，一只黑猫卧在一块交通提示牌前，瞪着双眼，真有一股黑猫警长的威严。偶有

普通翠鸟

鹊鸲，乌鸫，都是南方常见鸟，更多的是八哥。

八哥不时站在建筑物的顶部或树尖上，因为司空见惯，所以，我远远见到一只"八哥"站在树尖上，也没太在意，只因叫声显得有些绵长而悠扬，便信手拍下几张，认为是八哥了，也就懒得凑近去拍，未能获得更近、更清晰的画面。

回到房间，打开相机，回看图片，删除模糊和多余的片子，当回看到所谓树尖的"八哥"时，我几乎失声喊了出来，这是什么呀？暗蓝色的羽毛，红色的微微下钩的喙，那是什么八哥呀，我叫不上名，未曾见过的新种！兴奋地将鸟片发至网上请教高手，得知为"三宝鸟"，即佛法僧，太神奇啦，险些错失良机。为什么，因为我手里的相机是60倍变焦，肉眼看不清的，通过它拉过来，可以弥补视力的不足。可惜当时阳光灿烂，不易从相机显示屏观看，也就没有马上回看，这才发生事后，回到房间开机"发现新种"的惊喜。

在所住株洲天台山庄的后院，有一处人造水景，绕水一圈，不过几十米，周边植被丰茂，我身不动膀不摇，就地观鸟，便见到黄斑苇鳽，一种善于拟态如芦苇枝干的小涉禽，当其站在岸边一动不动时，肉眼看上去的确不易分辨，但我用60倍相机——我的"打鸟"神器一拉，它那怒目圆睁的双眼立马暴露了行藏。我暗自庆幸，能在这里拍轻易拍到这种平常难以见到的水鸟。

上午，马上要离开株洲转战湘潭了，大堂等待多时，来接的车却迟迟未到，于是我向同行的王直华前辈建议，旁边有个水池，有鸟可观，咱去看看，王老欣然同意。于是我俩就近来到宾馆里院的水景园，遥见对岸一只翠鸟，我赶紧放低身量，猫腰接近，王老师远远看着我，原来，是这样观鸟拍鸟的。

我俯下身把相机稳稳放到水岸这边的岩石上，拉近、对焦、按下快门，拍摄成功。翠鸟毫不在意我的到来，挪挪地方，或俯身、或昂首，在对岸守候着，守候啥？水中的小鱼。我拍翠鸟拍得手抽筋，便又缩头缩脑地原路退回，鸟儿还慢慢地待在那里，我却得到了满满的收获，相安无事，这便是我们观鸟者拍鸟的境界。

绕园一周，还有鹊鸲在前方翘尾回首，且飞且走。特别的是，一只白腰文鸟在水景岩石上，稳如雕塑，阳光明媚，鸟的轮廓则清晰的一塌糊涂。我急不可耐地把刚拍到的鸟图回放给王直华老师，嘴里还洋洋得意地念叨着："看，短短几分钟，去去就收获，当年关云长于百万军中取上将首级，如探囊取物耳，我却于花草丛中，取鸟儿美图，如探囊取物。"

方尾鹟

[夏季篇] 观鸟牛背梁
感受森林美

一路寻觅，

终于在这尽头得到了，拍到了，

真是"踏破铁鞋无觅处"，

终于见到褐河乌。

壹。

中国野生动物保护协会为自然保护区基层人员开办的"第十期自然体验师培训"，暨"陕西第一期自然体验营"，在陕西秦岭牛背梁保护区开班啦！我有幸受邀前往，奉献一场题为"生态旅游与绿色导览"的讲座。

2015年6月10日一早从北京西站乘高铁，午至西安，陕西动物保护协会的常秘书长与司机师傅张彪来接站，不料，这二人竟然都是我二十多年前认识的老朋友，或曾一起养猴、或曾共赴秦岭。午餐泡馍，极具地方风味。满店的食客都在低头掰呀掰馍，手指发酸，我感慨道：吃完泡馍，手都干净啦！

饱餐战饭之后，张师傅宝刀不老，驾越野直奔秦岭，穿过18千米的世界最长隧道，即达位于秦岭南麓、古香古色的翠微宾馆，一放下行囊，既与组织者徐大鹏老师绕道宾馆后身的小山村——柞水县营盘镇秦丰村，观鸟！在秦岭中观鸟，对我来说机会还是不多，因为二十年前来时，还不懂观鸟。

没想到下楼来到宾馆对面的小河两岸，轻易可见的红尾水鸲，来来去去，好不热闹。此次的培训营地选址太棒啦，这么一个条件上乘的宾馆，处于千山万壑之中，简直是在自然中做自然体验，安逸！穿过小山村，没走几步，一条溪流拦在面前，踏上简陋的小桥，激流岩石上，又是红尾水鸲，雏鸟的乞食与雄雌的轮番饲喂，此情此景，好不动人！我忘乎所以地蹲下拍摄，听得身后"噗嗤"一声，呀！裤子被崩开了，开裆裤，多丢人！出师不利呀，沮丧的我回头看了看不远的徐老师，好在他眼神不济，不光是看不见鸟，连我的窘态也没发现，于是，我定了定神儿，故作镇静地想：回宾馆再缝裤子吧，继续前行！

一只另类的鸟——戈氏岩鹀，从我眼前掠过，镜头迅速跟踪，只拿下了个背影。村前屋后，北红尾鸲昂然而歌，任你怎样拍摄，也不动声色。腹黄背灰的灰鹡鸰，一边欢叫一边晃着尾巴，十分抢眼。靓丽一闪，一道黑影，却散发着金属光泽，发冠卷尾，翩然而至，而且，循着它的飞翔轨迹，竟把我带到了一个草编大碗状的鸟巢上，卧在巢中的发冠卷尾成鸟，头尾均露在外边，哈哈，抱窝呢。如非我的眼神好，岂能发现发冠卷尾这秘不告人的行藏。又是一阵哗然，一只浅灰色的鸟，在空中划出一道银光——灰卷尾，哈，成套的卷尾亮相啦，据说附近还有黑卷尾。山间溪流畔，村姑浣衣裳。孩童睁大双眼，望着我俩，陌生人吗，近前，却毫不羞涩地打招呼"你好"。

晚餐后，学员们不约而同来到宾馆对面的河边，凭栏拍鸟，还是红尾水鸲，但它们为我们演绎了一帧帧雏鸟乞食、母子情深、父爱如山的镜头，尤其是母鸟一边忙着育幼，一边还炫耀着腰身，引来雄性交尾，"咔咔咔"，说时迟那时快，原来这个珍贵镜头，早已被我身旁的小龙老师手持单反，手疾眼快，及时拿下。

我发现黑身红尾的雄性时不时会站在汉白玉的栏杆柱头，一幅构图顿时产生，我迅步过桥绕到河的对岸，以鸟为前景，企图拍摄"人鸟合一"的场面，果不其然，先后有保护协会郭处长、号称湖北观鸟"神雕侠侣"的大龙小龙夫妇出现在对岸，人、鸟、人，三位一体，瞬间拍摄，大龙老师果然高强，马上会意，也举起机子与我对拍，我为他，他也为我，同时留下了"趣味鸟图"，做到明日讲演的PPT中，多么及时而即时呀！或人虚鸟实，或鸟虚人实，大龙非常酷的拍摄姿势，郭处披肩长发与橙色外套，在鸟做前景的片子中，或阳刚，或阴柔，或骨感、或丰腴，天人合一，风格各异。

红尾水鸲

贰。

到达牛背梁的第一个早晨，恰为观鸟实践课，全体学员乘车来到牛背梁保护区的一个叫霸沟的地方。东西走向的秦岭，横亘于中国版图的腹地，崇山峻岭，绵延几百里，既是中国的南北分界线，也是长江黄河两大水系的分水岭。牛背梁恰恰地跨秦岭南北，因为山梁平坦、如同牛背、得名牛背梁。作为东秦岭的主脊，最高峰牛背梁，海拔2802米。秦岭既有壮观的峰脊，也有神秘的沟谷，这些沟谷是河流下切的产物，危崖夹峙，激流奔涌，花木丰茂，山翠谷幽。可惜，我们不是地质学者，目的在于观鸟，但山沟里的鸟情实在不旺，我竖起耳朵，瞪起双眼，好不容易，拍到普通鵟，为我呈现倒立的姿态，举起相机，及时拍下。

沿着山路向上艰行，感觉我们一行人越走越少，包括年逾古稀的徐大鹏老师，共七个人了，上到一棵树形绮丽的龙松附近，见到其下一块石碑，上书"牛保界"三个大字，看看表，查查图，知道差不多了，不敢继续登高，怕延误了集合时间，于是在附近盘桓小憩，尽然捡到一块野猪头骨和一块鬣羚头骨，从事户外探险的小刘还敏锐地发现了两条带毛的动物粪便及一只死掉的雏鸡，可见这一带已是保护区的核心区域，牛背梁共有鸟类170多种，兽类80多种，这里的国家一级保护动物有4种：羚牛、金雕、林麝、豹。国家二级保护动物有26种：黑熊、松雀鹰、雪雉、红腹角雉、红腹锦鸡、灰林鸮、斑头鸺鹠、豹、水獭、大灵猫、斑羚、鬣羚、毛冠鹿等。

我深知，在野外，遇上动物实属不易，好在还有鸟，上山时太早，光线暗淡，在走下山沟的晌午，一缕阳光透过岩壁，打在几缕树叶上，正好有一只鸣啭不停的鸟，立在那里——方尾鹟，羽色娇艳，歌声婉转，光影明丽，鸟儿又在枝头稳稳地站立，极便于拍摄。一路上发现我们的队伍中，不少人都在细细地拍摄着——拍植物、拍花草、拍菌类……来自陕西28个保护区的同仁，各有所长，各取所需，各有所获，只是拍鸟的人不太多。穿越山岩堆砌的书有"野狼谷"三个大字的门洞，没有野狼，倒听说去年有一对黑熊母子在此逗留一周之久，保护站的同志还拍到了图片，那可是比野狼更凶猛更魁伟的食肉目动物啊。

普通鸭

叁。

上午10：00赶回住地，为学员们倾情演讲"生态旅游与绿色导览"。

下午13：30又分别乘坐几辆旅行车，做户外活动课。车队逶迤，在崎岖山道上行驶，令人浮想联翩。古人为通过秦岭天堑，曾先后修筑了6条穿越秦岭的古道，自西向东为：陈仓道、褒斜道、傥骆道、子午道、义谷道（亦名秦楚古道），还有武关道。而我们所在的素有"秦楚咽喉，终南首邑"之称的牛背梁保护区内就有子午道和义谷道的遗迹，被称为古代的高速公路，在此基础上，开通了终南山公路隧道，天堑变通途，那条我国最长的18千米隧道，别说古人无法想象，我在20年前几度出没秦岭，也不能想象，如此之快就抵达目的。子午道又名"荔枝道"，不是出产荔枝，而是唐代臣子从蜀郡涪陵快马加鞭为杨贵妃转运荔枝。民间有端午前后尝荔枝之说，当年身在北方，只有贵妃可以品尝到的南国水果，如今也成了寻常百姓的水果，此时，掰着荔枝，品着这首遐迩闻名的古诗，别具韵味"长安回望绣成堆，山顶千门次第开。一骑红尘妃子笑，无人知是荔枝来"。

下午，我们的目的地为北沟保护站，牛背梁下辖四个保护站：老林、广货街、石砭峪和北沟。保护区负责科教的马宇老师为大家做体验引导和讲解，我边听边看，经过一个个认知点"岩石认知点、土壤认知点、植被认知点……深深为保护区所做的自然科教所叹服，虽然我所做所讲也是自然科教，但尺有所短寸有所长，保护区的优势就在于具备真正的大自然，稍加点缀就能画龙点睛给人以启迪。

在关于树价值的教育上，我注意到这个木牌文字："当你看到一棵树，请深深地呼吸并且说声谢谢！一棵树一年平均释放氧气27.3万升；一成人一年需要氧气13万升，所以，一棵树释放的氧气可以满足两个人的呼吸并消耗掉他们所呼出的二氧化碳。这不正是我需要向公众阐明的有关树之作用的道理吗。

在森林休闲区，我读到令我心曲得到共鸣的、装潢朴素的木牌说明"听，潺潺的流水声，婉转的鸟鸣声，树叶的沙沙声，花草的味道，森林的气息……这里，呢可以骑木马，闻菌香，雕木画；这里，你可以吟诗作画，浅唱低吟；这里，呢可以释放艺术才情，体验自然，感受天地大美"。落款为"牛背梁北沟森林体验"，看来设计者本身就是一位沉浸于自然的文艺青年吧。牛背梁保护区的北沟科教内容，给我印象很深，其中鸟类画轴，正面是鸟的图像，后面是这种鸟的名称，很是简易而明朗，美观而奏效。

走着走着，我加快了攀登的脚步，与一位林学院的生物研究生捷足先登，经过树根区、草棚区，一直冲锋至观景台，在山崖上书有"别有洞天"的溪流处停下了脚步，因为已是再行无路。就在这个神秘的溪头，我发现一个黑色的鸟影——褐河乌？一路寻觅，终于在这尽头得到了，拍到了，真是"踏破铁鞋无觅处"，终于见到褐河乌。

返途，灌丛深处一阵欢叫，停住脚步仔细端详，哈，一小群的棕颈钩嘴鹛，在深山里遇见，还是头一遭。它们可不像方尾鹟那么老实，蹦来蹦去，没个消停的，好在拍到了一只，留此存照，是以为证。

叼虫子的灰鹡鸰

肆。

昨夜，为本届培训班在秦岭的最后一晚，学员们载歌载舞，举杯联欢。我计划一早五点观鸟，来山中一次，机会难得，便没去参加，早睡以便早起。

山中多野鸟，春眠不觉晓。我按照保护区马科长的提示，想看鸟，就在山村的前后左右，而非大山沟里。果然，在大山、大河与山村之间，黄臀鹎、灰鹡鸰、又唱又跳；山斑鸠、珠颈斑鸠高居屋顶或电线杆上；还有红嘴蓝鹊，才拍到一个镜头，就被几只喜鹊给轰跑了，看来还是会打群架的鸟厉害。在民居的屋顶及菜地，还是北红尾鸲为主角。作为秦岭南麓的典型鸟种——发冠卷尾，总在秀着自己流线型的身段、尾翼，以及丝丝可见的发冠。几只黄腹山雀、绿背山雀、白脸山雀，相继出现在我面前，在村边的一棵老核桃树上，甚至同一个镜头里，百鸟朝凤，争奇斗艳。一位看似智力有些障碍的汉子蹲在村口，手捧大碗，早餐，一只黄花老母鸡相守在他面前，乡村野趣，多么地和谐，我刚做好拍摄准备，人鸡同步，同样地把头转向了我——拍！我按下了快门。

一对大嘴乌鸦把我引向了溪流，在河的对岸，一位老汉艰难的从湍流中汲水挑上岸去。发冠卷尾，灰卷尾，山麻雀……相继出现。过小桥，遥见水中鹅卵石上端立一只黑鸟——褐河乌，就是那种，费了老劲，山沟尽头才隐约见到的，竟摆在我的面前了，同一个画面，还有一位红尾水鸲的雌性。

刚刚送走褐河乌，一只松鼠拦住了去路，嘴上还叼着一只青核桃，真是福不双至今双至，一下子碰上了一鸟一兽，都是我这两天来不易碰上的。在看上去有点像藏族玛尼堆的一个石堆顶部，一只岩松鼠岩石般地坐在那里一动不动，令我惊讶，于是调转相机镜头，拉向松鼠，而松鼠背后不远处乃是小村民居，三位老乡正坐在屋檐下晒太阳，于是灵机一动，便设计出一组以松鼠为前景，老乡做背景的难得画面，这与前日拍摄鸟与人重叠的场面，异曲同工。

看看表，7:30，肚子也饿了，该回住地吃早餐了，刚转过一处山村的民房，屋顶方向传来二声杜鹃洪亮的鸣叫"咕咕，咕咕"。太近了，我停下步子，慢慢抬头，瞥见屋顶电线上，落了一只硕大的杜鹃，原地拍摄，已经够清楚的了，转到房前，也就是杜鹃的身下，它还是岿然不动，我估计就像这鸟不怕村民那样，也不怕站在当院的我。两天来，总是只闻其声，不见其影，不料，在这即将收场的时刻，杜鹃完全是送上门来了，不曾刻意追求，却能轻易得到，世事难料，自然神奇啊！

查看更多精彩图片！

鸟瞰×秋之鸟影

秋天是收获的季节，但秋天也是离别的季节，一曲"鸿雁"，之所以能够红遍大江南北，通过一种鸟——鸿雁，托物言志，通过一首歌，触景生情，把秋天的离愁别绪抒发得酣畅淋漓。

麋鹿与鸿雁，都是典型的湿地物种，这一点，孟子早有关注："孟子见梁惠王，顾鸿雁、麋鹿曰贤者亦乐此乎？孟子：贤者闻此而乐，不贤者虽有此不乐也。"一番对白，这位古代哲学家把人与自然的关系提升到了一个"好生之德"的伦理层面。

我曾出过一本书《鸟语唐诗300首》，其中有关大雁的诗，多与一个特定的季节密不可分，就是秋季。"九月九日望遥空，秋水秋天生西风。寒雁一向飞南远，游人几度菊花丛。"（唐邵大震《九月九日旅望》）犹如孪生兄弟，另一首卢照邻的《九月九旅眺》："九月九日眺山川，归心归望积风烟。他乡共酌金花酒，万里同悲鸿雁天。"这首诗写的生别死离的，忽然还发现"徐悲鸿"的名字也许与这首诗有关。

但咏秋且涉及鸟特别是雁的唐诗，我还是最喜欢赵嘏宛的这首《陵馆冬青树》："碧树如烟覆晚波，清秋欲尽客重过。故园亦有如烟树，鸿雁不来风雨多。"我对本诗的点评是：客居他乡，见到烟笼碧树，便勾起思乡之情，毕竟往事如烟啊。更兼鸿雁不来，难寄锦书，风雨如晦，怎奈一个"愁"字，却不直说，由此得诗，诗贵曲。

这位唐代诗人更为高超的是，眼前有鸟，可入诗，眼前无雁，竟也心想诗成，"鸿雁不来风雨多"。于是，与我常说的一种境界不谋而合了"心中有鸟，眼中自然有鸟"。

印度瘤牛

[秋季篇] 印度观鸟 左右逢源

诸如八哥、鹦鹉、卷尾、伯劳、蜂虎、花蜜鸟、佛法僧、斑鸠等，
简直满街都是，多得数不胜数，令人目不暇接。
通常在一棵树，甚至一根枝权上就排列着几种不同的鸟，
它们相安无事，百啭千鸣。

观鸟是近年流行于港台的户外活动，是与笼养野鸟相对立的、与自然和谐相处的爱鸟方式。我在印度第五大城市阿莫德巴德逗留的几个月，是我观鸟生涯中收获最丰的一段时光，印度的鸟类约有1200种(与中国接近)，但多伴人左右。诸如八哥、鹦鹉、卷尾、伯劳、蜂虎、花蜜鸟、佛法僧、斑鸠等，简直满街都是，多得数不胜数，令人目不暇给。通常在一棵树，甚至一根枝杈上就排列着几种不同的鸟，它们相安无事，百啭千鸣。

观鸟不宜人多，但也不能独自一人，否则，当你有惊喜发现后，定会产生 种"便纵有千种风情，更与何人说"的惆怅。我在印度的观鸟伙伴是我的同班同学阿斯皋，他是一位来自巴基斯坦的教师，年龄40开外，长得高大魁伟，嘴上有两撇精心饰弄的小胡子。在我们的环境教育国际培训班里，他是位敦厚、温文的益友，更是我观鸟的良师。我俩来自不同国度，语言不同，他是位虔诚的伊斯兰教徒，为了环保，我们走到了一起，更因为有共同的爱好——观鸟，我们成了最默契最坦率的朋友。

在印度的日子，差不多大多数的清晨成了我们观鸟的专用时间，这期间先后有孟加拉、尼泊尔、越南同学加盟，却都是半途而去，只有我和阿斯皋，每次都带着那只中国云南生产的单筒望远镜，日复一日地观鸟。其实，在印度观鸟，几乎用不着望远镜，因为多数鸟不太怕人，只要你左顾右盼，就能"左右逢源"了。

作为教学内容的一部分，我的导师卢菲博士专门带我们参观了几个湿地。在一个叫纳萨若瓦湖的地方，对岸寺庙古树参天，树上白花花高低错落的不是花朵，更不是塑料袋，而是鹳和鹭。在卢菲的指导下，我们辨别出白头鹮鹳、钳嘴鹳、白鹮、苍鹭、小白鹭、牛背鹭等多种涉禽。在一片开阔的田野前，我们登高远眺，从望远镜中见到了世界最大的鹤——赤颈鹤。这种鹤雄性鸟高达6英尺，因仅产印度和东南亚而被列为濒危鸟类。除了卢菲，环境教育中心的丽玛老师也是识鸟的行家，她皮肤黝黑，风度翩翩，说起动物如数家珍。每当我说见到了鹭，见到了鹃，见到了麦鸡之类，她总是追根问底地跟一句：什么鹭？什么鹃？

我们住的卡纳瓦蒂饭店，本身就像个百鸟园，有时足不出户，凭窗观察，便能数出许多野鸟：合欢树上的花蜜鸟，电灯杆上的斑鸠，天空里集群而翔的珠鸡。饭店草坪上，常常有人举办聚餐会，灯火阑珊之处，总有一种长腿的鸟出没，它们是麦鸡。草坪正中是几棵大榕树，白日里总有许多鹦鹉叽叽喳喳地对话。榕树3米多高处的一个树洞中，我发现了一窝斑鸺？(一种小型猫头鹰)，每当我走到树下，它们便瞪着圆溜溜的双眼左右端详。

为了观鸟，我们总是徒步奔波，我走烂了一双运动鞋，而阿斯皋为了省鞋，干脆把那双半新皮鞋放在草坪尽头，赤足而行。不料，有一次其中一只鞋不翼而飞，弄得阿斯皋哭笑不得。他估计是哪只狗爱上了他的大皮鞋，害得他只好将半新的另一只也慨而慷之地扔掉了。

　　还有一件有趣事，一天观鸟，在逆光中，我和阿斯皋的目光同时落到电线杆上一只大鸟身上，我认真地判断着，如此大型之鸟，该是猛禽了。正要翻书核对，忽听"哇"地一声，我们二人哑然失笑，原来是一只叫家鸦的大乌鸦揶揄了我们，它傲立杆头，似乎在说：连我都看不出来，还观鸟呢？

留胡子的笔者与印度青年

查看更多精彩图片！

江豚

［秋季篇］江豚濒危
燃眉之急

"灭绝意味着永远，濒危，则还有时间"。

这句国际流行的自然保护格言，

用在长江的两大物种：白鳍豚和江豚身上，

恐怕是再恰当不过的了。

"灭绝意味着永远，濒危，则还有时间。"这句国际流行的自然保护格言，用在长江的两大物种：白鳍豚和江豚身上，恐怕是再恰当不过的了。

　　2012年11月2日，我应"中国生物多样性保护和绿色发展基金会"之邀，来到安徽铜陵进行科教培训，不料此行竟然与一种古老的孑遗物种——长江江豚邂逅。第一天，铜陵江豚保护区的郑局长亲自驾车远达南京，把授课的三位老师：北师大刘定震教授、中国环科院王伟博士和我接至铜陵，路上，郑局长还告诉我们一个好消息：今年5月份，保护区繁育基地有3只小江豚降生！我探访江豚的心情就愈加迫切。

　　2日上午，完成教师培训，下午我们急忙赶往江豚保护区所在的夹江繁育基地。保护区位于铜陵南郊的大通镇，这是一座兴盛于元朝的古镇，破旧的徽式房屋，斑驳的石板道路。肩挑竹筐的村民，老旧昏暗的剃头屋，贩卖农具的摊位——都给人一种穿越时空、置身过去的感觉。东游西逛的我，一不留神竟错过了保护区的入口，那是一条很狭窄的胡同，没走几步就到达通向保护区的鹊江渡口，那里，有免费的摆渡船在等待大家。村民们淡定地往来乘舟，我们则兴奋地在渡船上东张西望，拍照留影。我情不自禁地唱起了《过河》："哥哥面前一条弯弯的河，妹妹对岸传来一支甜甜的歌……"

　　这是长江的一个小分叉，但也舟楫往来，仿佛东吴战船，樯橹列阵。登岸后，见村民的菜筐排成一溜，香菜的味道浓郁扑鼻，几乎能勾起我们儿时的记忆。沿绿树成荫、娇莺啼鸣的小路前行，保护区的通路上，迎面有一座拱门雕塑，竟是吻部修长的白鳍豚的两尊遗像，让我的心突然咯噔一下，逝者如斯，不可复亦！

进入保护区的大门，"铜陵淡水豚国家级自然保护区管理局"的牌子赫然在目，这个迁地保护基地位于长江南岸的铁板洲与悦洲之间封闭的半自然夹江水域，是一段可通长江的长1600米，宽80~200米的独立水域，面积264000平方米。这里，共生活着11只江豚，用于保种、繁育和研究。事实上，这只是一个小小的迁地保护种群，铜陵真正的就地保护区域是在长达58千米（上至安徽枞阳县老洲，下至铜陵县的金牛渡）的长江江段，共有180只长江江豚。

在保护区唐副局长的陪同下，我们走近了江豚生活的水域，饲养员手提两桶小鱼随后，尚未接近，江豚就从远处水域闻讯而来，因为，江豚和白鳍豚可以敏锐地利用回声定位，探知水陆情况，但长江中百舸争流、过于嘈杂的行船声，则会使其失聪，甚至撞到船尾的螺旋桨，粉身碎骨。

随着饲养员将一条条小鱼抛向水面，江豚三三两两、不急不缓、陆续游来，不时地露出头和背脊，就我所知，背部无背鳍乃是长江江豚的重要特征，所以，其英文为 finless porpoise。我们赶忙把相机的镜头对准江面，拍下这一只只珍贵的动物，留下一幅幅珍贵的画面。想当年，2001年7月14日，我在武汉水生馆探望唯一一条长期被人工饲养的白鳍豚"琪琪"，记得当时，是豚类专家张先锋博士带领我们，可惜我只拍到一张较为清晰地照片。不料，2002年7月14日，恰在一年后的同一天，"琪琪"溘然而逝，此照竟成遗照。俗话说"看一眼少一眼"，这次见"琪琪"竟然成了最后一眼，不仅是一个生命的最后一眼，更是一个物种的最后一眼。

2006年11月，中、美、英三国科学家组成"长江淡水豚科考调查组"，历时26天，沿着从宜昌到上海的长江1700千米的江段搜索，一无所获，只得无奈地宣称，白鳍豚这一进化了2500万年的古老的物种，已经是功能性灭绝。而2007年，统领市民曾玉江在铜陵县胥坝乡渡口发现一只白鳍豚，录下了156秒的视频，这也许就是人类对白鳍豚的最后目击了。

新中国成立之初，长江中的白鳍豚尚有万余头，算是人们常见的动物，短短半个世纪，就走向了绝迹。1981年，我国豚类专家周开亚先生首先发表文章，指出白鳍豚的濒危，甚至有可能在半个世纪灭绝，当时，人们还觉得是危言耸听。不幸的是，白鳍豚的数量减少的速度比他估计的还要快，1986年200头，1991年100头，1999年50头，2006年几乎找不到了，2012年完全见不到了……不到30年，一个如此古老的物种，就这样轻易地灭绝了。2007年国际著名的《自然》杂志评出十大人祸，白鳍豚位列其中，白鳍豚竟是被人类灭绝的第一个鲸类物种，前车之鉴啊！

如再不保护，生命消逝的多米诺骨牌将会倒向下一位——江豚，恐怕长江江豚将会是人类灭绝的第一个鲸类亚种，为什么？仅存于长江之中的"长江江豚"在分类上属于鲸目，齿鲸亚目，鼠海豚科，是海豚的唯一淡水亚种（三个亚种为长江江豚、黄海江豚、南海江豚），如今长江江豚只有1000只左右。却正以每年6.4%的速度减少。逝者已去，生者安否？回答是否定的！长江中高密度的行船，持续增加的建闸、筑坝、挖沙等行为，过度的捕捞作业以及误捕误杀……是长江江豚屡屡遭到撞死、电死、钩死、毒死、炸死、病死、饿死的威胁，可谓步步惊心，处处艰险。何以见得？仅2012年，在长江中游发现12头死去的江豚，在下游发现11头死去的江豚，这还只是发现的，没发现的实际死亡数，一定会多于这个数字，难道《2012》谶语成真，真的是这个老物种的末日吗？今年当然不会，但如此可悲的现状绝然令人高兴不起来，甚至有估计，长江江豚的大限是15年。还在铜陵的江豚保护区科教馆参观时，我就用手机翻拍并发送了这样一则微博消息，画面是一只江豚特有的面孔——永远带着灿烂的微笑。附带文字是："江豚带给我们的是笑脸，人类强加之的，却是步步绝路以死相逼。"

这个进化了2000多万年、从远古的偶蹄目中爪兽发展而来，人称"江猪"的古生物，由陆生变换为水生，有着多么奇妙的匪夷所思的自然历程。宋代诗人有对江豚的记述"黑者江豚，白者白鳍，状异名殊，同宅大水……"，如今，大家爱说宅男宅女什么的，可古人说白鳍豚和江豚也是同样地"宅"，宅于长江，这是多么博大的气魄和多么美妙的历史啊！怎么偏偏到了我们这一代人的手里，它们就要走向末路了呢？野生动物的今天预示着我们的明天，毕竟，我们共处一个生物圈，江豚因长江生态状况的恶劣难以为继，难道我们就能独善其身吗？

可如此困局，如何破解呢？无奈之下，保护区郑局长给我一个这样的明示，我认为如能实现，这真是追求人与自然和谐相处的明智之举，善莫大焉！是何良策？他说，长江作为黄金水道，禁航是不可能的，禁污的难度也很大，但全面或分段分时地禁渔，则不是不可行，比较白鳍豚，江豚毕竟还有相当的数量，共约千头，其环境的耐受力也优于白鳍豚，限制捕鱼，至少不会把这些弥足珍贵的淡水豚，活活给饿死。把以捕捞业为生的渔民转型为以养殖业为生的渔民，让渔民上岸，转产搞养殖，护生富民，两全其美。无论怎样，都是为了一个目的，拯救家园及其生灵，走可持续发展之路，以免使长江成为一个无鱼之江，无豚之江和死亡之江。拯救江豚，已到燃眉之急，一些有识之士，包括豚类专家周开亚，都提出了不少真知灼见：

1. 必须将长江江豚由国家二级重点保护野生动物提升为国家一级重点保护野生动物；

2. 制止对江豚栖息地的进一步破坏并进行重点江段的生态修复；

3. 就地保护的同时，增加迁地保护留种繁育的基地；

4. 禁渔10年，严禁非法捕鱼；

5. 严控工农业污水和生活污水排入长江。

"我住长江头，君住长江尾，日日思君不见君，共饮长江水。"中华民族的母亲河已经重疴在身，可她还要继续支撑中国半壁江山的人口和经济，保护长江，势在必行！她不仅养育了炎黄子孙、各族人民，更孕育了独特而多样的生物，长江淡水豚不仅是长江生态食物链的顶级动物，中国独有的历尽沧桑的活化石，长江生态系统的旗舰种、关键种和从中新世延存至今的孑遗种，更是江湖湿地环境质量优劣的标志物，生物多样性的延续与丰富，折射着和预兆着人类的未来，豚之不再，人将焉存？

好在，生态文明的绿色之光已是晨曦初露。我曾在麋鹿苑制作了一个"谁是最可怕动物"的提问箱（答案：人类）。今后，我还可以再作一个"谁是迷途知返的动物，改邪归正的动物，悬崖勒马的动物，追求和谐的动物……"的提问，那该就是生态觉醒、厚德载物的人类吧。

白枕鹤

［秋季篇］麋鹿苑南现白枕鹤

眼见为实，趁着太阳还未落山，

我又抄起我的高倍望远镜再次进苑，终于在苑南，

清清楚楚地见到了白枕鹤，体色灰而洁净，不似灰鹤那么斑驳，

只是头部有些黄泥似的斑点，

也许是一只亚成年的白枕鹤。

2007年11月19日一早，我到即将竣工的麋鹿苑文化桥上拍了几张照片，在返回办公楼的路上，在苑中林地瞥见一鹤，颈后洁白，体色灰，疑似白枕鹤，且十分怕人，见我就跑，不像苑里其他的鹤那么悠然，该是野鹤？因未带望远镜，不能确定，也就没敢声张，待取了望远镜，又不见了踪影。

白天，安排工作、开会、到研究院参加培训等，直到午后4点才回到苑里。一回来，就听同事说苑中发现了白枕鹤，而且兽医小钟还拍摄到白枕鹤与麋鹿在一起的珍贵场面，这才明白，早晨我见到的，的确是白枕鹤。眼见为实，趁着太阳还未落山，我又抄起我的高倍望远镜再次进苑，终于在苑南，清清楚楚地见到了白枕鹤，体色灰而洁净，不似灰鹤那么斑驳，只是头部有些黄泥似的斑点，也许是一只亚成年的白枕鹤。遗憾的是距离过于遥远，黄昏的光线下已无法拍摄，只是抢拍到了一只蓑羽鹤的剪影。

白枕鹤为我国二级重点保护野生动物，被国际自然保护联盟IUCN定为渐危种、被濒危野生动植物种国际贸易公约CITES定为附录Ⅰ即严禁贸易的对象。白枕鹤拉丁学名为 Grus vipio ；英文名称White-naped Crane，中文又名红面鹤、白顶鹤、锅鹤，为世界稀有鹤种，分布于中、蒙、俄、朝、日，越冬地在华南地区，亦有部分在朝鲜半岛。白枕鹤的体长约120厘米，为大型涉禽，杂食，以植物为主，也吃鱼、蛙、蜥蜴、昆虫以一些软体动物。总数在4900~5300只。作为一种大型旅鸟，北京地区鲜有发现，历史记录只是5月北迁、

10月南迁、曾见于北京北部的官厅和密云水库，大兴地区没有记录，麋鹿苑更是首次发现。

刚刚完成的湿地恢复的一期工程，使这里的水域呈现曲流环绕、波光粼粼，初具规模，而这只珍贵的湿地涉禽白枕鹤的出现，就是对湿地生态恢复最直接、最实质的肯定。前不久，我还在一个"城市生态"国际研讨会上撰文，阐述我的观点：一个地方的生态环境的好坏，不是哪个权威人士或领导说了算，而是取决于生物多样性的程度即鸟兽鱼虫说了算。这不，马上应验了，苍天有眼啊。

白枕鹤与丹顶鹤

[秋季篇] 夜鹰昼见
鸟兽驯德

可我觉得我与鸟之间并不限于对话，

而是一种神交，一种感应，一种意念和意境。

意念在，意境有，意念无，意境失。

感发而身受，积德而成善，此情此景何以表述？

恰如子曰"四海乘风，畅于异类，凤翔麟至，鸟兽驯德，无他也，好生之
故也"。

这不是幻觉，而是亲历，令人惊喜，最近常常与鸟不期而遇。上周在三亚，大家去购物，我在商场外闲逛，走到不远处的河边，苇丛中飞出一鸟落到了电线上，定睛一看，伯劳——红尾伯劳。临别海南，在凤凰机场候机厅外，椰风阵阵，耳闻几声叽喳的鸟鸣，顺着声音望去，树梢上，还是一只伯劳——棕背伯劳。

夜归北京，次晨上班，在车水马龙的三环路旁等班车，身旁树上听得鸟鸣有些异样，一看，竟不是常见的麻雀，而是山雀，初以为是大山雀，拍照下来仔细分析，带有白斑点，是黄腹山雀。

有网友问，你这些鸟都是哪儿拍到的？今年我主要的观鸟场所是在麋鹿苑，记得，一次绕苑巡视，在一棵大杨树下，忽然飞来一只杜鹃；还有一次，从林中悄然观鸟，一张构图就拍摄到两种啄木鸟，一只是大斑啄木，一只是星头啄木。2013年最令我激动的是7月份遇到了蓝翡翠，9月份遇到了一只夜鹰，差不多都是在麋鹿苑10年一遇的鸟，幸甚至哉。

前天，在办公室伏案，窗外一声声的呼唤，什么鸟？我迅速拿起相机临窗观察，左右电线杆上都没见什么，因为常有猛禽落在那里，蓦然发现，眼前电线上竟然落有一只红隼。呀！我开窗户的动静足以惊动了它，可它竟没飞走，赶紧打开相机，拉近，按下快门，拍下，左一张，右一张，待我拍摄完毕，这只小猛禽一纵身，飞走了。我就觉得它在唤我，真配合！回到桌前，把一幕幕精彩的鸟片放到博客上、微信上，秀秀我的美图，与大家分享一下自然之乐，同事李博士还夸奖我知鸟语，与鸟对话。西方曾有一位与马对话的人，被称为"马语者"，可我觉得我与鸟之间并不限于对话，而是一种神交，一种感应，一种意念和意境。意念在，意境有，意念无，意境失。感发而身受，积德而成善，此情此景何以表述？恰如子曰"四海乘风，畅于异类，凤翔鳞至，鸟兽驯德，无他也，好生之故也"。

太阳鸟

蓝翡翠

戴胜

[秋季篇] 福兮中山 遇白伯劳

翌日一早，我趴在这个位于四层房间的窗台前，

任阳光和微风迎面而来，有窗户的感觉真好！

忽然，瞥见楼下河沟上的电线上落有一只白鸟，在风中微微翘动着长尾，

呀！是不是灰卷尾，

这是我的第一判断，迅速抄起42倍相机拉近这只鸟，

再仔细端详，咦，分明是一只伯劳呀。

2013年11月18日，应光华基金会之邀，我作为中科院科普巡讲成员来到中山。翌日一早，我趴在位于四层房间的窗台前，任阳光和微风迎面而来，有窗户的感觉真好！忽然，瞥见楼下河沟上的电线上落有一只白鸟，在风中微微翘动着长尾。呀！是不是灰卷尾，这是我的第一判断，迅速抄起42倍相机拉近这只鸟，再仔细端详，咦，分明是一只伯劳呀，喙部的弯钩隐约可见，足不出户，凭窗观鸟，太有福啦！不一会儿，这只白伯劳飞向楼下河沟对岸开阔的菜地，好似一道白光射向那里。甭管它飞到哪儿？我的目光几乎都能将其锁定，很快，到上课时间了，不得不离开，于是我发出这样一条微信："我正在中山偷拍一只白化伯劳，激动之情难以言表。"

何以见得这就是一只伯劳呢？我是从这只鸟的体型、叫声，行为、栖息位置等因素综合判断的，尽管还弄不清是哪种伯劳，因为中国有伯劳达10种之多，有虎纹伯劳、牛头伯劳、红背伯劳、红尾伯劳、栗背伯劳、棕背伯劳、灰背伯劳、楔尾伯劳、黑额伯劳、灰伯劳。虽然种数不少，但从分布上，最后两种仅见于西北边陲，不必太考虑，到底是哪种，还难说，但无悬念的是，这是一只我从未见过的基因突变的白化伯劳，所以发微信"惊遇白伯劳，平生第一次，巡讲在中山，全托伟人福"。其实，两个月前听说有中山讲座的机会，我已非常欢欣，因为我素来仰慕伟人孙中山，并经常表白，我跟孙中山一样，都不吃肉，但还吃鱼，属于鱼素。不料，伟人故里竟还为我横空出世、带来如此恩惠——这只白伯劳。

2013年11月19日。两天来，我相继为中山开发区六小、开发区中心小学、健康花城社区居民做了演讲，可是只要一回到宾馆，便迫不及待地凭窗观察，几乎每次我的目光都能搜寻到这只白伯劳，百试不爽，于是这也成了我们聚餐时我的主要话题，几位同样来讲座的科学家、接待我们的中山开发区经信局从局长到职员，无不为我的观鸟经历所触动和感染，还提出不少问题，我便一一回答，饭桌上做起了科普。白色伯劳不是单一的物种，而是基因突变的个体，为我生平所未见。说这话，我还是心里有底的，因为照片已发给中国鸟类学会的张正旺教授（副理事长），他明确告诉我这是白化个体，而非某个鸟种。白化动物的出现在我国历史上层出不穷，而且是祥瑞之兆。的确，历朝历代白化动物出现的记载，不绝于史，精彩动人。

如，白鹿等的出现，中国古来有之并被人们视为大吉之兆。乾隆十六年，大清皇帝到热河围场行猎，蒙古贵族向他献上一只白鹿。据说是体毛白如雪、目红如丹砂，实为一只白色的狍子。狍属于小型鹿科动物，白化个体极为罕见。这一年恰逢皇太后六十大寿，又值风调雨顺，乾隆以为白鹿出现乃是奇兽显灵、应时而至，便将该鹿命名为"瑞麚"，对之珍爱有加。为能长久欣赏之，乾隆还谕令宫廷画家、意大利人郎世宁画了一幅"瑞麚图"。如今中山出现白伯劳，有赖设备先进，观察细致，我也如实地做了拍摄记录。

白伯劳

下午讲课归来，从宾馆四层窗户放眼望去，依次是树林、河沟和菜地，但菜地已经被巨大的工地挤压得只剩几畦约十米见方的面积了。在几棵稀疏的芭蕉树和一堆堆建筑垃圾之间，我不仅一下找到这只白伯劳，还能看到几种其他的鸟种——珠颈斑鸠、白头鹎、红臀鹎、八哥、黑头石鵖、白胸苦恶鸟等。下午在社区讲座，为验证"金山银山与绿水青山"的关系，我与阿捷，这位留英硕士，就近欣赏了楼盘一旁封山育林的老鼠山。归来时，我们在宾馆路边停车，想从平地角度看一下这只白伯劳。我先上前发现人影瞳瞳，施工人员已开进到这里，在划白线，说了声，完了，看不到了！阿捷跟上来，不禁说出我想说而未说的一个词——伤感！这里将被开发，白伯劳能不能搬家，搬到老鼠山啊？一位经信局的公务员能为一只鸟的命运，操这份心，难能可贵！

原本预兆吉祥的鸟，得到的竟是如此结局，听说这块看似荒芜的空地，早已拍卖出去并且近期地价还飙升了300万元，可这只难以进入人们视线的小小的白鸟又价值几何呀！触景生情，我想起美国一位印第安酋长针对殖民者的肆意开发与杀戮生灵，曾经说过的一句话："当最后一棵树被砍，当最后一天河被毒，当最后一块地被卖，当最后一条鱼被捕，恐怕他们才会知道，钱财不能果腹。"我对白伯劳的观察与记录，也只能算是一种刻骨铭心的记录甚至祭文：这里曾经来过一只如此美好的动物、美丽之鸟——雪白的伯劳，幸有照片为证。

2013年11月20日，昨晚为方便给小榄中学讲座，组织者安排我移住到了小榄镇，别看小榄镇只是中山市下面的一个镇，竟繁华得如大城市一般。从小榄镇回到开发区，我又急不可耐地冲进我那房间，就是为了抓紧时间多看看那只白鸟！

20日下午，从中山火炬开发区做完此地的最后一个讲座——中山火炬开发区第一小学的课，回到房间，再过一个多小时就要退房，移师中山市了，"只有离别时候，才知时光短暂"，我干脆守在这房间的窗前，盯着白伯劳看，从远远的菜地、树丛、电线上，到我眼前的树尖上，可以说，这几天它可是从未飞得离我这么近呀，只见这位大仙左顾右盼，好像在为我表演？还是照顾我拍摄？白伯劳身上的羽毛纹理、嘴上的斑斑点点都清晰可见，在这即将分别、劳燕分飞的时刻，这样一只奇特的鸟给了我如此亲善的礼遇，怎不令我感动？我既忙不迭地拍摄，更情不自禁地哼唱着这只歌："都说那有情人皆成眷属，为什么银河岸隔断双星，心有灵犀一点通，却落得劳燕分飞各西东，劳燕分飞、各西东……早知春梦终成空，何如当初不相逢……"我对这只鸟、这桩事、这片景的诸多情愫，尽在不言中，尽在歌词中。

山鹛

[秋季篇] 宝塔山下
美丽生灵

在举世闻名的延安宝塔山下，

苍松翠柏，郁郁葱葱，尽管游人如织，可树上鸟鸣啁啾，我行我素。

仔细观瞧，金翅雀，大山雀，山噪鹛……更有黑头鳾、普通鳾，

在宝塔前追跑打闹，一派生机。

延安作为革命圣地，在我心目中是一个响当当的地名。近年，我所到之处都爱把当地的鸟种进行观察和拍摄记录，延安会有哪些种类的鸟呢？

所幸，2014年秋，我迫不及待地顺着大名鼎鼎的延河水，踏上了红色胜地绿色行！出发之前，我们猜想，这座人口愈百万的地方的城市化太严重了，车水马龙，高楼林立，估计没什么可看的。谁知，刚过延水河的大桥，就发现河岸的松树上吱吱喳喳，定睛细看，一种长尾雀——山鹛，啪，拍下！我的摄鸟神器（长焦一体机）立马尽显了神通。

望见水波潋滟的延河，其实是被橡胶坝拦截而成的延河水库，有几只小鸊鷉时浮时潜，对面那早已熟悉的画面——宝塔山，我一遍遍地拍照及自拍，毕竟，在这里留影，没有宝塔山，就没有延安的特色了。过了大水汪汪的延河前行，从橡胶坝看过去，小河蜿蜒，那才是真正的延河水。我一步步顺岸边疾行，无视车声噪杂的大马路，眼中只有延河，阳光灿烂的延河水。忽然，瞥见河水不旺河床的水洼里有个似鸟的倒影，俯瞰，却似一截枯木，用高倍镜头拉过来一看，金色眼圈，清晰毕现，哈哈，还真是鸟——这不是一只池鹭嘛，一动不动，如同入定老僧，拟态得如此维妙维肖，令我叹服，拍下！连同倒影……

池鹭在延河

　　从裕丰延河大桥打车来到宝塔山公园大门，购票入园，拾级而上，在奔向神圣宝塔山的半山腰，呼地遇见一只雄性环颈雉，飞向了对面的山坡，我的目光锁定这只野鸡，降落之处，一下暴露了一窝野鸡的行踪，一只两只三只，三只野鸡的身影，待我用相机拉近，发现这三只环颈雉竟然都是雄性，拍到雄性雉鸡难，一下在一个镜头里拍得三只就更难。山坡草丛中，那美丽的羽毛，鲜明的白色颈环，被我一一拍摄，定格在我的影像文档中，却对它们没有一丝一毫的惊扰。

在举世闻名的延安宝塔下，苍松翠柏，郁郁葱葱，尽管游人如织，可树上鸟鸣啁啾，我行我素。仔细观瞧、金翅雀、大山雀、山噪鹛……更有黑头鹎、普通鹎，在宝塔前追跑打闹，一派生机。我且留影且拍鸟，手机相机轮番上阵，此时，碧空有猛禽划过，可惜拍飞翔版有些力不从心，主要是设备的连拍功能不给力。但相对于京津大城市的雾霾，这里简直是碧空如洗，令人欢喜！短短一个上午，鸣禽、陆禽、猛禽、游禽、涉禽、加上行为颇像啄木鸟的鹎，虽然没遇上真正的攀禽，却同时见到拍到普通鹎和黑头鹎，收获不菲，真是难能可贵！

黑头鹎

鸟瞰 × 冬之鸟语

"腊七腊八，冻死寒鸦"，按照物候，冬季在我们身边可以见到最多的鸟，非寒鸦莫属，城里人会说乌鸦很多，但寒鸦动不动就有数以千计，漫天飞舞，上下翻飞，好不壮观！它们是北京郊外的冬候鸟，即只有冬季才能见到。常说"天下乌鸦一般黑"，可是寒鸦却有不少黑白双色的，个头比乌鸦小，叫声比乌鸦细。

　　唐代大诗人李白在其《秋风词》中，长吁短叹，道尽相思之苦，却也大笔一挥，带出了寒鸦这种鸟："秋风清，秋月明，落叶聚还散，寒鸦栖复惊。相思相见知何日？此时此夜难为情！入我相思门，知我相思苦，长相思兮长相忆，短相思兮无穷极，早知如此绊人心，何如当初莫相识。"虽然名为秋风词，实则寒鸦守在我们身边一冬天。

[冬季篇] 天鹅之城
寻根之旅

由于三门峡人们对天鹅关爱有加，

这些天鹅已经习惯人们的围观和拍摄，

国内怎有如此与人近在咫尺的野生天鹅群？我还真是少见多怪了。

天鹅的莅临是令三门峡人民引以自豪的事情，

故而以"天鹅之城"自诩。

2009年12月的一个周末，朔风凛冽的日子，环保社团"自然之友"派我前往河南，我既代表组织圆满参加了自然之友河南小组的年会，为会员做了题为"环保健康我行我素"的素食讲座，顺利地进行了三门峡观鸟活动，更有一些额外的收获：参观了慕名已久的黄河博物馆，特别是意外地在当地朋友的带领下参观了虢国博物馆，找到了世界"郭"姓的衍源之地，所以我把此行称为意想不到的寻根之旅，尤其令人志得意满的是，该博物馆查验了我的身份证后，竟给我一个门票半价的大优惠，谁让我姓郭呢。

我把到各地拜会当地自然之友的活动称为绿林好汉式的拜会，近年，我在武汉、重庆、厦门、天津、广州等地都有过这样的幸会。继去年中秋的洛阳演讲之行，与河南自然之友的相会该是第二次握手了。

周六午后，河南自然之友负责人崔晟带我和另一会员李沛——一位体魄健硕的登山族，冲出塞车重重的郑州市区，踏上连霍（连云港至霍尔果斯口岸，一条横贯我国东西大陆的国道）高速公路，一路西行前往300千米之外的三门峡，在洛阳接上孟津保护区工作的"鸟界名人"马朝红，到达三门峡市区已是月上高楼，灯火阑珊。三门峡义工联盟的胡建会长和云儿副会长到路口亲自来接并与我们共进晚宴，尽管是寒夜他乡，但有本地"绿林"相迎，酒酣耳热，还是令人感到心中暖洋洋的。

周日早7点多我们来到集合地点——湿地公园门口，当地义工联盟的几位朋友早已等候在这里了，他们驾车在前边引路，很快，当一轮红日在黄河之畔冉冉升起之时，我们竟从河南进入了属于山西地界的平陆。拐向一个叫三湾村的地方，便离开了柏油路，前面带路的小越野车在泥沼路上发挥得得心应手，而我们的小车则有些犯难，于是大家下车步行，不料没走两步，天际飞来几只大鸟，我举起望远镜一看：首开记录是3只普通鸬鹚，由此拉开了我们的观鸟序幕。我们车停在一片开阔的水域前时，大白鹭纷纷飞离，映入眼帘的竟是大片大片的白色——天鹅群，数量多得简直如羊群一般，这是我的第一印象。通过望远镜判断，这些都是大天鹅（中国有大天鹅、小天鹅、疣鼻天鹅三种），还有不少被当地人成为灰天鹅的当年生的亚成体——灰色个体，由于三门峡人们对天鹅关爱有加，这些大鹅已经习惯人们的围观和拍摄，国内怎有如此与人近在咫尺的野生天鹅群？我还真是少见多怪了。天鹅的莅临是令三门峡人民引以自豪的事情，故而以"天鹅之城"自诩。

既然是观鸟，我们哪会只对天鹅感兴趣呢，我们分别在三湾、青龙涧等地见到不下20种的鸟类，用马老师带的此行唯一的一架单筒高倍望远镜，尤其是她高超的拍摄技艺，在水面上微微一扫，十几种水鸟就历历在目了：针尾鸭、白秋沙鸭、普通秋沙鸭、绿头鸭、斑嘴鸭、凤头潜鸭、斑背潜鸭、红头潜鸭、赤膀鸭、绿翅鸭、普通鸬鹚、大天鹅、小鸊鷉、青脚鹬、白腰草鹬、白骨顶、苍鹭、大白鹭、银鸥、红嘴鸥、珠颈斑鸠、山斑鸠、白鹡鸰、白头鹎、喜鹊、灰喜鹊、红嘴蓝鹊、树麻雀、大山雀及一只乌鸦。

其实，地跨豫秦晋三省的三门峡可圈可点之处着实不少，远至大禹治水劈三门（人门、神门、鬼门）、仰韶文化新石器、虢国都邑上阳城、老子论道函谷关……近至万里黄河第一坝（尽管在水利史上毁誉参半）、天鹅野鸭越冬地……人文与自然亮点交相辉映。大家熟知的不少成语即出自这里：唇亡齿寒、中流砥柱、紫气东来、鸡鸣狗盗、完璧归赵等。

我读过这样一句描绘杨贵妃的姐姐"虢国夫人"的诗："虢国夫人峨眉长，酥胸如兔裹衣裳"，殊不知，这个虢国乃是春秋时期西周的一个重要邦国，在这里的虢国墓地出土的文物愈万，被称为我国迄今发现的唯一一处规模宏大、等级齐全、排列有序、保存完好的西周大型邦国公墓。

虢国博物馆中最为恢宏的车马坑遗址1344平方米，原状陈列了虢国国君虢季、国君夫人梁姬及太子的陪葬车马坑，站在折戟沉沙的车马坑前，令人思绪飘荡。也许是墙壁上油画的生动勾勒，仿佛眼前幻化出远古的铁马金戈。虢国博物馆的馆藏丰富，国宝重器琳琅满目，五大展厅犹如梦幻般的艺术殿堂。虢国墓葬被称为中国20世纪100项重大考古发现，华夏第一车马军阵，而尤其令我惊奇的是，三门峡还号称是世界郭姓衍源地。2000年，李家窑遗址被确定为虢国都邑上阳城的所在地，不仅将三门峡的城市史上溯到了3000年前，还为虢国文化、包括郭姓的研究增添了新的史料。据说古代"郭"、"虢'同源，我姓了半辈子"郭"，还是第一次享受因姓郭而得到的待遇：门票半价。还不知怎么就那么巧，一位带孩子来观鸟的三门峡女士竟随身带了一本奇书《虢、郭、三门峡》。看罢此书，古道热肠的河南朋友对我承诺，一定帮我联系作者曹文东先生，看来拜读"郭"书，只待时日（可惜，后来快递给送丢了，可叹）。

这就是我2009年年底黄河之畔的一次自然之旅，亦算是一次意外的寻根之旅，但归根结蒂，我们的根是大自然。

远为伯劳，近为太阳鸟

[冬季篇] 岁末江湖 一花二鸟

而伯劳与一只太阳鸟出现在同一帧画面里，

一花二鸟，一虚一实，一远一近，

远为红尾伯劳，近处是太阳鸟，

更是我此行拍鸟的绝笔。

岁尾年根，天寒地冻，鸟情不减！龙年之末，我赶场般地利用外出巡讲和开会的机会，到祖国各地"走江湖"，晨昏观鸟，一路拍鸟，竟也收获颇丰。

2012年12月初，随中科院科普团山东昌乐行，仅趁上午与下午讲课的空档，到附近的峡山水库观鸟，风波之巅，隐约可见、为数不少的竟是凤头䴙䴘，其情其景，令人过目不忘。

12月下旬，在京北怀柔宽沟，虽仅两天一夜，我却拍摄到斑鸫、白头鹎、黄喉鹀、红嘴蓝鹊、红胁蓝尾鸲、普通鵟、树鹨、山斑鸠、燕雀、星头啄木鸟、黄眉柳莺、大山雀、沼泽山雀，特别是银喉长尾山雀，为什么要加一个"特别是"呢，因为我参加的是常委会，遇见的是长尾雀，所以我自嘲是"常委遇长尾"。

之前，有科技报记者从微博中问我：值此严冬，到哪观鸟为佳？我说，荒郊野外，背风向阳的山林，包括麋鹿苑这样的自然之地，只要有心，便能见鸟，甚至不期而遇地遭遇"鸟浪"——就是一时间周遭都是鸟，各种鸟，啁啾不止，将你围在垓下。此时，你要做的就是凝神静气，手持相机，心如止水，状若古木，屏息观照，只有当鸟儿不把你当做人的时候，你才能摄得佳片。在宽沟的山坡上，我就是这样拍摄到一只从未见到过的白里透黄，翠色欲滴的一只大山雀的。

12月26日，飞赴海口，这是我平生第一次登上宝岛，欣喜之情溢于言表。由于在会议闲暇，我总是不失时机地观鸟、拍鸟，还递交

大山雀

了一份题为"乘生态文明东风，促观鸟事业发展"的提案，同行的李小蔷便送我一个外号"鸟哥"。

在海南的第一个早晨，尽管细雨蒙蒙，我还是执意地走出宾馆，寻找鸟踪。闻声而寻，在停车场边上的几棵花红似火的紫荆树上，发现几只小绿鸟在上下翻飞，我赶忙对焦，拉近，按下快门，嚯！这些小精灵都是带着白眼眶的鸟——绣眼！我还以为这首开记录的绣眼，是海南很通俗的常见鸟种，谁知以后的两天，竟再与之无缘了。

当时，看到这些小鸟在啄食花蕊，就感到很难得，凭着这些图片，我做科普时便可以说，为植物做花媒的动物不仅有蜂类等昆虫，还有鸟儿！它们无不为植物的繁衍做出贡献和起到服务价值，这是科学层面的认识；从美学层面，鸟与花的场面，对我这个北方佬来说，实在是不多见。此行海南，虽仅两天，却拍摄到多幅鸟与当地生境的特色照片：伯劳——被称为雀形目中的猛禽，其实还不是猛禽，这类鸟南北皆有，对我来说不算罕见，可一只伯劳守着椰子的场面，哪曾见过？而伯劳与一只太阳鸟出现在同一帧画面里，一花二鸟，一虚一实，一远一近，远为红尾伯劳，近处是太阳鸟，更是我此行拍鸟的绝笔。

到儋州，我们在烟波浩渺的松涛水库泛舟。始建于1958年的、费时10年建成的我国最大的土坝工程之一的松涛水库，有"宝岛明珠"之称，库区面积达144平方千米，库容30亿立方米，这是周恩来当年为之题词的中国十大水库之一。在这天涯海岛，竟然还有如此之大的一座水库，令人惊奇。我心在鸟，于是走出船舱，在甲板上瞥见天空缓缓地飞翔着一只猛禽，当地朋友介绍说是神雕，我从其分叉的尾羽判断应是"鹗"，一种捕鱼的猛禽，把图片放到微博，网友告诉我是"黑耳鸢"。嗨！真是学无止境，只怪我鸟技不精啊。但至少我欣赏了它，拍摄了它，从而成为我海南之行摄到的唯一猛禽。

海南之鸟，奥妙无穷。特别是我不认识的鸟，应该很多很多，仅在我见到和拍到的种类中，都有一些，这才是观鸟的最高境界：鸟不知名声自呼。而回来后，伏案查看《鸟谱》，豁然开朗地得到曾疑惑不止之鸟的确切名称时，又使观鸟的愉悦感和兴奋劲儿蔓延和充斥开来。应知，这又为个人的观鸟生涯，徒增一个个崭新的记录，满足感、幸福感油然而生，这就是我们鸟人的生活乐趣，乐在自然，心系鸟兽，生态文明，何乐可及焉？

太阳鸟

观悬壁雀
悲喜诱拍

[冬季篇]

老者不时添加着小虫，

穿着美丽的红黑白三色相间"霓裳羽衣"的鸟，

不时地"下嫁"到人为的投食台上，感觉是在取用嗟来之食，

那鸟被诱饵逗得不时前来，一人一机一虫一鸟，

与那边的众人多机一虫一鸟的场面颇有不同，

但本质无异，均为诱拍。

2014年1月4日，到达房山十渡，一过六渡，遥见，山根下聚集了一帮人，据说那是在拍摄红翅悬壁雀(Red winged Wall Creeper)，我立刻感觉哭笑不得，作为一个多年的观鸟者，我根本就没见过红翅悬壁雀，所以渴望着此行能看到，出发前还以为这是件可遇不可求的事，甚至没碰上也算正常，就像去年去衡水湖观鸟，没拍上彩鹬和水雉，见与没见都是正常的，"游园不值"古已有之。可一看眼前这架势，我梦中的目标鸟种几乎是手拿把掐了，轻易得多少有些乏味，简直成了没有悬念的悬壁雀！

果然，我们凑到那几十号个个手持高倍相机的人群时，谁也不介意新人的到来，大家全神贯注于一个目标——红翅悬壁雀。没过几分钟，一只八哥大小的鸟好似从天而降，也不知是从几十米高的哪个岩缝里钻出来的，其浑身上下为棕灰色，恰恰翅膀为鲜艳的红色，飞檐走壁，上窜下挪，真是名不虚传。只见这只红翅悬壁雀，躲闪腾挪，逐级下降，离人群越来越近，我的耳畔全是相机快门的"咔咔"声，可别吓着人家！好在这鸟移动几步就会回头张望一下，好似京剧里的亮相，使我获得绝佳的定格机会。

一下子它就来到与众人平视的位置——那是一块石台，上面放置了一些饵料——小虫，本来很是怕人的野鸟眼下竟适应了这些拍摄者，此刻，它干脆懒得去捕食，而是放胆来吃所投之食。正因此举，我轻而易举获得了红翅悬壁雀的近照，目标鸟种，一举达到，得意之情，溢于言表。

欣喜之余，我却发现，这种方式不限于此鸟此地，不远处，一位老者正架着大炮在马扎上坐等，等什么呢？很快，我们发现，是一只漂亮的白顶溪鸲，又是通常很难碰上的鸟种，此时竟频频前来，老者不时添加着小虫，穿着美丽的红黑白三色相间"霓裳羽衣"的鸟，不时来到人为的投食台上，感觉是在取用嗟来之食，那鸟被诱饵逗得不时前来，一人一机一虫一鸟，与那边的众人多机一虫一鸟的场面颇有不同，但本质无异，均为诱拍。

随着数码相机和电脑的普及，拍摄成本的降低，近年，在祖国各地都不乏扛着"大炮"的摄鸟者，更有一些不择手段的拍鸟之人。前两个月我在深圳的一处社区小湖畔见到几位投鱼诱拍池鹭、夜鹭的，也是频频得手。去年，我在奥森公园，远见一群人围在一丛芦苇前，投掷苹果块，引得一只秧鸡半推半就地出来取食，使大家得以抢摄，我因此得知这里有秧鸡，这儿能拍秧鸡，并借光拍到了秧鸡。

这种方式拍鸟确实很奏效，但会不会对鸟产生负面影响呢？使其懒得去自我觅食，降低了自我生存的能力，在拉近人鸟距离的同时，也增加了人禽交流的机会。更有甚者，个别的拍鸟之徒竟是将雏鸟捉住，粘住双脚，待母鸟来喂食再行拍摄，以求获得动人画面，可以说，这种束缚野鸟自由、利用母爱获利的拍摄行为是比较缺德的了。

多年来，我一直呼吁"要观鸟，不要关鸟"，"要摄，不要射"。

有朋友告诫我，这话已经OUT了，诚然，拍鸟比杀鸟要文明得多，可眼下这越来越多的持大炮者，都那么追着拍、诱着拍，甚至拴着拍、粘着拍，不择手段，不计后果，只顾一个目的——得到一张看上去美丽的图片，而不在乎图片背后有多大的悲情，肆意干扰或毁坏人家的正常生活。据说近年作为鸟类天堂的湖北三阳，就因为拍摄者的蜂拥而至，鸟况直线下降。无可否认，拍鸟比打鸟（尽管一些拍摄者也戏称自己是打鸟的）、杀鸟的行为更进步、更文明。如果说那些下网、投毒的捕鸟者是大恶之人，将野鸟囚禁笼中来饲养算是中恶，那诱鸟而拍的摄影爱好者顶多算小恶，但至少这类行为不是善举，愿我们这些爱美之人，在追求美即艺术性的同时，也顾及一下善和真，真就是使你的鸟类作品具有科学性，善就是具有起码的好生之德，把对自然生灵的干扰和迫害降到最低。

红翅悬壁雀

鹪鹩

踏雪寻踪
鸟落千山

下意识地抬了一下头，

蓝蓝苍穹，竟然有两鸟追逐，追者是喜鹊，

逃者竟是一只鹰——普通鵟，

这一幕幕鲜活的飞禽竞技蓝天的场面，

为我的"千山鸟不绝"雪地观鸟小片段划上了一个圆满的句号。

2014年春节，北京无雪。大年初四，携家人来到辽宁千山踏雪。本以为大冬天的，这里不会见到鸟。从进山门，一路寻觅，也没找到什么鸟，难道真是唐诗中所说的"千山鸟飞绝"吗？直至来到一个叫明潭的小桥溪流处，但见大山雀上下翻飞，不断落在雪地上，我寻鸟而至，拍摄后才知，镜头里不仅有了大山雀，还有褐头山雀混迹其中（当初以为是沼泽山雀，经网上鸟友辨识才验明正身），甚至有两种山雀同处一个画面的镜头。

岂知，到此才是刚刚拉开观鸟的序幕，冰雪消融的潺潺溪水上，一只鸲鹨飞来飞去，有时竟飞上小桥，距我有咫尺之遥，挑衅，十足的挑衅！这只红褐色的小鸟简直不把我放在眼里，那我也不客气了，拍你，没商量！

正当埋头拍摄鸲鹨，一阵大嗓门的叫喳声转移了我的注意力，寻声望去，一对斑鸠大小的鸟飞来落在了对面的树枝上。看上去，不识，拍下来放大看，还是不识，这么大的鸟，对我来说竟不认识，太好啦，先拍下来再说，于是，我怀着无比激动的心情将这对儿素不相识的鸟记录在案，当时根据体型还判断是某某鸫呢，回来经鸟友的提示，这竟是一种鹀，学名栗耳鹀。果然鸟如其名，在其耳部有一个栗色的斑块。每次观鸟遇到不认识的鸟，拍到，存于相机中的那种心情，就像得到一块宝贝，尽管不知这是什么宝贝，反正是陌生的、未知的，那种满足感、神秘感与求知欲并存的感受，是我观鸟的最大乐趣，这是对自然对科学的探索之美，也是人生格物致知的乐趣所在。

日落千山，起身欲回。才走了几步，瞥见小河对岸的雪地上还有几个小黑点儿晃动，是麻雀，还是山雀？我的目力所及，已难判断那是什么种类，于是架起我的拍鸟神器——高倍相机拉过来一看，啊！是一种叫鸸的小鸟，它们本该在树皮上倒立的，如今却在雪地上觅食，强烈的反差，使我获得了绝佳的清晰作品，没有拍到过这么清楚的鸸的片子。当我过瘾般地拍摄时，一只褐头山雀赶来凑份子，对了，回程的路上，果然有一只鸸在树皮上呈倒立姿势，这是一种学名为普通鸸的小型鸣禽，而恰在我感叹"普通鸸真是不普通"的同时，一只大山雀，闯进画面，来了个两种鸟的雪地合影。

我下意识地抬了一下头，蓝蓝苍穹，竟然有两鸟追逐，追者是喜鹊，逃者竟是一只鹰——普通鵟（也不普通啊），这一幕幕鲜活的飞禽竞技蓝天的场面，为我的"千山鸟不绝"雪地观鸟小片段划上了一个圆满的句号。

采耳鹎

黑鹎

[冬季篇] 走基隆河 观台北鸟

暴走至基隆河的麦帅一桥,还没抵达河岸,

高大的河堤上,成群的八哥来来去去,叽叽喳喳,

举起望远镜仔细观察,好像不都是黑羽白斑、头戴冠毛的八哥,

毛色灰棕的林八哥、眼周橘黄的家八哥也不乏其例,

原来,全球的八哥144种,台湾能见到的八哥科的鸟类达14种。

到台第一天，我写下了这样的感受：

"首先，感慨8年前来台湾从北京经香港，竟用了一整天的时间，如今仅仅3小时，两岸直航，真快。第二，在机场，在饭店，处处有免费的WIFI，不用打电话，就能顺畅联络，真好。第三就是，鸟情恣意，特有种、新面孔随处可遇，目不暇接，真美。"

一登上宝岛，心情别样，在桃园用餐的宾馆后面发现有一条河，过桥就见岸边的苍鹭，成为我抵台拍到的第一只鸟，由此拉开了台湾观鸟拍鸟之序幕，从桥上俯瞰另一头，在乱石嶙峋的岸边，一只佝偻着腰身的大鸟——夜鹭、不远处农用卜方的电线上栖着一只伯劳。

下午奔"中正纪念堂"，广场一侧的绿地上，鸟语啁啾，八哥与红尾鸫，在一个画面里分庭抗礼。在高大的"自由广场"牌楼上，在凯达格兰大道的指路牌上，坦然挺立的辉椋鸟——蓝绿色的亮羽、突兀的红眼，十分明艳（据说这是菲律宾引入种）。在总统府对面的街心花园，一对儿陌生的大鸟——灰树鹊，飞落在棕榈树上停歇，任我左拍右拍，都是新鲜面孔，且这种树鹊为台湾特有亚种，这让一个观鸟者激动不已。而我们常见的喜鹊、特别是灰喜鹊，在一周的台湾之行中，却几乎没见到。

就像在平常出差一样，临行前，我都查询一下驻地周边的环境，哪有林地、山地、湿地、公园，那就必然会有鸟，所以我最不喜欢住的是城市核心地带繁华区闹市区，地偏心亦远。

在台湾，除了基隆河与淡水河，所有的河都不叫河，而称溪，估计这两条能称为河的水域还是水量平稳一些的缘故吧，而溪的特点则是平时溪流涓涓，旺季洪流滚滚，此行我们沿东海岸从宜兰、花莲、台东、台南自北向南走了半个台湾，沿途景致基本如是。

在台的第二日，一早六点半，我从台北市馥敦饭店，暴走至基隆河的麦帅一桥，还没抵达河岸，高大的河堤上，成群的八哥来来去去，叽叽喳喳，举起望远镜仔细观察，好像不都是黑羽白斑、头戴冠毛的八哥，毛色灰棕的林八哥、眼周橘黄的家八哥也不乏其例，原来，全球的八哥有144种，台湾能见到的八哥科的鸟类达14种：八哥、白尾八哥、林八哥、家八哥……仅有八哥一种是原生留鸟，其他都是作为岛外引入笼养逃逸的。

我在这个名为成美左岸河滨公园的地方，接连见到苍鹭、夜鹭，"处心积虑"地拍摄了飞翔的和临水的苍鹭，尤其是八哥与夜鹭蹲在一起的别致构图。矶鹬和鹡鸰在防洪水泥石块间穿梭寻觅，我用镜头跟踪着，闪动的身影颇难定格，总是无法按下快门。傲立的白鹭、鼓噪的黑领椋鸟，无不彰显着冬日台北的浓浓鸟情。

伯劳

过花莲溪
遇环颈雉
［冬季篇］

人们才能随心所欲地见到野生动物。

校园的水面非常广阔，天光水影，景色怡人，

斑嘴鸭、黑水鸡、苍鹭、白鹭、斑鸠、白头鹎，都能轻易见到，

可惜逗留时间太短，我们只是蜻蜓点水、点到为止。

其鲜明的自然保育实践，令我羡慕不已，感慨万分。

台湾地形狭长，南北长394千米，东西长144千米，一条处于中央山脉与海岸山脉之间的不大的河流叫花莲溪，把中央山脉所在的欧亚大陆和海岸山脉所在的菲律宾板块，一分为二。这么重要的一条河流，恰在我们所住饭店的附近，焉能不去？

在台湾的第四日一早，我冒着细雨，向大海的方向踽踽独行，边走边看，步移景异，一座海滨狭长的公园，途径花莲港，通向入海口的大河之桥：花莲溪铁桥。在河与海的交界处，岸边有一座挂着大钟的木亭，一副"和风浩荡因风阔，平岸回澜有浪声"的对联，将眼前壮阔的景致描述得十分精到，大有"眼前有景道不得，崔浩题诗在上头"的意味。从花莲溪的这最后一座铁桥上俯瞰水面，一只苍鹭为我展现了一帧明丽的倒影，拍摄获得一幅高调摄影的作品，感谢这只大鸟巧妙的站位、大自然奇妙的恩赐。桥下防洪水泥石柱上，一鸟闪过，我急忙用相机追踪，按下快门——白胸苦恶鸟，成为此行拍摄的又一新种，其实，在我眼前晃的还有一种不同凡响的八哥——不像一般八哥那般的墨黑，疑似林八哥。白鹭、矶鹬、鹡鸰……——收入囊中。归途，一只虎斑地鸫一类的鸟拦在路途当中，我抽出相机迅速捕捉到它的身影，刚按下快门，它便忽地飞去，回来意外发现，这是一只蓝矶鸫的雌性。

上午，13位团员退房上车，继续南行，雨中抵达东华大学，一位皮肤黝黑、眼睛明亮的女孩代表校方接待我们，开朗的她自我介绍名叫雅意，正在东华大学读研究生，是原住民后裔，爸爸是阿美族，妈妈是布农族。我们在校园里缓缓行进，雅意刚刚介绍说"东华大学占地251公顷，前面是一个自然保护区，有校园三宝：野鸡、白鹭、清明草……"，我就发现在林地与草地之间有几只环颈雉，当即请求司机师傅停车，旋即下车拍摄到了雄、雌环颈雉，成为此行所摄的唯一雉类，要知道，雉类在野外很机警，一般不是很容易拍到的。

这里，一个大学的校园内，竟然设有保护区，不得触动和打扰占用，恰如"生态红线"的概念，但这可是现实中的生态红线，因此，人们才能随心所欲地见到野生动物。校园的水面非常广阔，天光水影，景色怡人，斑嘴鸭、黑水鸡、苍鹭、白鹭，斑鸠、白头鹎，都能轻易见到，可惜逗留时间太短，我们只是蜻蜓点水、点到为止。其鲜明的自然保育实践，令我羡慕不已，感慨万分。

从一所大学到一座宝岛，保护之风蔚然，因为台湾的自然曾受到荷兰列强特别是日本列强的疯狂掠夺，从宜兰伐木场的成堆的树干，到阿里山巨大的树根，可谓罪行累累，只是台湾同胞似乎不像我们大陆同胞那样讨厌日寇。保护，在台湾称保育，受到空前重视，很早就建立了与国际接轨的垦丁国家公园。

台湾的平原只有屈指可数的几块，海拔100米以内的土地仅占全台的3%，山地却占五分之三，境内3000米以上的高山就有上百座，有山皆绿，难怪1544年葡萄牙的船队途经台湾时，惊呼："Formosa!

伯芳

伯劳

美丽之岛！"或曰"有形之岛"，发音为"福尔摩萨"。西方人很长时期都以这个称谓称呼台湾的。台湾狐蝠、花脸鸭、红头绿鸠等动物的拉丁学名中，都含Formosa，应是动物学家在台湾发现命名的缘故。台湾岛，岛小物多，仅鸟兽中叫台湾的就不下十几种，像台湾黑熊、台湾云豹、台湾梅花鹿、台湾水鹿、台湾鼬獾、台湾山羌、台湾长鬃山羊、台湾松雀鹰、台湾山鹧鸪、台湾帝雉、台湾蓝鹇、台湾蓝鹊、台湾黄山雀、台湾紫绶带、台湾画眉、台湾紫啸鸫、台湾阿里山鸲、台湾火冠戴菊、台湾鹎（乌头翁），它们有些就是珍贵的台湾特有种，或因隔离久远而形成了亚种，宝岛多宝啊！

出于对台湾富庶自然资源的觊觎，1624–1616年荷兰侵略者占据台湾；1626–1642年西班牙侵略者从基隆登陆统治台湾北部，1642年又被荷兰侵略者赶走，荷兰侵略者从台湾掠走大量自然财富，仅每年运走的鹿皮就达上万张，可见台湾当年生物多样性之丰饶。

18世纪，作为英国驻高雄副领事的动物学家斯温侯曾叹言："台湾深邈的山林，生息着无数神秘的动物。"的确，台湾因地理位置和环境气候的特殊性，形成岛屿特有生物多样性群落。有台湾最大、同时也是亚洲最小的黑熊亚种台湾黑熊；有原主要栖息于大武山、1972年灭绝的台湾云豹；有1969年灭绝、1986年在绿岛和垦丁实施重引入保育的台湾梅花鹿；当然，保育明星还少不了这珍奇的台湾猕猴。整个台湾岛的动植物类群丰富多彩，动物包括：兽类71种、鸟类626种、爬行类90种、两栖类30种、淡水鱼150种、海域鱼类2000种，已命名的昆虫2万种，未命名的昆虫估计20万种，其中蝴蝶400种，可谓岛小物种多。从台湾纸币面额500元上印的梅花鹿图案和1000元上印的帝雉图案，可见一斑。

12月26日下午，在台东的一个叫初鹿牧场的地方考察，不仅品尝到那里乳制品的奶香，本人更收获了黑卷尾、黑鹎、拟啄木、北红尾鸲、特别是伯劳与"春"字构成的奇特画面，台湾与大陆文化同根，同文同语，也有写春联，倒贴"福"字、倒贴"春"的习俗，我在拍摄一只伯劳的时候，无意间撞到了这样一幅自然与人文相映成趣的构图，信手拈来，纯属偶得。

台湾拟啄木

宜兰聆听
鸟浪环谷

[冬季篇]

太鲁阁更是生物考察的天堂，

据资料显示，太鲁阁国家公园的兽类31种，鸟类144种。

午餐丰盛，我却匆匆扒了几口，冒着绵绵细雨冲到户外，

也就是饭堂对面的一个小土坡上，鸟鸣山翠，循声而去，

忽然满眼皆是鸟，我知道，这是碰上了"鸟浪"，

何为鸟浪？就是各种鸟齐聚眼前。

到台湾的第二晚，投宿于宜兰的温泉会馆，顾名思义就是可以泡汤洗澡的地方，可惜我心不在焉，早早入睡，早早起床，天刚蒙蒙亮，信步出宾馆，向有溪流、有山林的方向前进，在还看不清鸟之身影的时候，先从晦暗的晨曦里聆听了一番鸟语，甚至被一只松鼠的吱吱声滞留了步伐。

一只贼呼呼的鹎，从眼前飞过，停在不远的灌丛间，伺机而动，我用高倍镜头把它拉近，拍摄到一幅略显模糊的鸟片——疑似白腹鹎，哪知，这是在台湾最常见的鸟之一，俗称"菜鸟"。

一顿哗啦啦的叫声和夸张的身影从头上掠过，落在头顶电线杆上几只长尾巴的大鸟，喜鹊？定睛一看，哈，蓝色的，台湾蓝鹊，本地特有种，名鸟啊！

一声声猫叫从天上传来，莫非真有会飞的猫？抬头望去，还是电线上，一只红嘴的黑鹎，断断续续地鸣叫，声如猫咪。

在一条通过宜兰市区的干涸河床上，卷尾、伯劳、灰鹡鸰、北红尾鸲、苍鹭……一一亮相。迈着沉重的步履回到宾馆，狼吞虎咽地早餐，这一天，参访团踏上的乃是最契合我爱好的考察之旅。

上午，抵达宜兰罗东林业文化园区，这是日据时期抢运林木的伐木场，还有部分滚木堆积、森林小火车静静地停在那里，油黑的轮廓默默述说着曾经的沧桑，沿环湖步道而行，平静如鉴的水面，一根根树干随意散布在兰阳溪的漂木池，斑嘴鸭、黑番鸭（引入种）、黑水

白耳奇鹛

鸡、小鹛鹛相继出现。

　　最令我开眼的就是隐藏在水中枯枝上的扇尾沙锥，平时很难一睹芳颜，这是一种极其羞涩的鸟，保护色又很高超，被观鸟者发现的几率极低，这些年，我在麋鹿苑的千亩园区仅仅见到过两次。如今，一水相隔，野鸭相陪，它们似乎大胆了许多，公然在光天化日之下埋头酣睡，我从未如此过瘾地拍摄过扇尾沙锥。

　　沿台湾东海岸的苏花公路（苏澳至花莲）行驶，左为天水一色的太平洋，右为叠翠连绵的中央山脉，逆立雾溪而上，中午赶到太鲁阁国家公园的布洛湾。

位于台湾东海岸花莲县的太鲁阁国家公园，东临太平洋，西接大雪山，山清水秀、峡高谷幽。如果沿中横公路爬升3个小时，就能从零海拔到3742米，受东北季风的影响，气候变化明显，垂直温差显著，一天可经历四季，植被和景观多变。太鲁阁意为"从山里来"。

最早的原住民史迹可上溯到2000年前，在宾客服务中心，我们看了一个描述原住民婚姻爱情的短片，展现男子尚武、女子善织的泰雅族太鲁阁人的生活片段，善良淳朴的原住民，以它坚忍不拔的性格，传述着千百年延续至今的生命史。

太鲁阁史是生物考察的天堂，据资料显示，太鲁阁国家公园的兽类31种，鸟类144种。午餐丰盛，我却匆匆扒了几口，冒着绵绵细雨冲到户外，也就是饭堂对面的一个小土坡上，鸟鸣山翠，循声而去，忽然满眼皆是鸟，我知道，这是碰上了"鸟浪"。何为鸟浪？就是各种鸟齐聚眼前。果然，一时间，黄山雀、赤腹山雀、山椒鸟、白耳奇鹛、台湾拟啄木、黑枕王鹟……凤翔鳞至，令我目不暇给。雨中拍摄十分艰难，仰拍，怕镜头被淋湿，鸟动，对焦不稳，画面模糊。但在这么短的时刻一下见到这么多种类的鸟，尤其是对我这种"菜鸟"来说又多是新的鸟种，怎能不热血沸腾？

令我激动的是还遇到了台湾猕猴。在太鲁阁山林，生活着一些猕猴，为台湾特有亚种的猕猴，非常机警，稍见即逝。我这次在台湾全程见到的野生兽类只有两种：小的是松鼠，大的是猕猴。

这几天见到一些观鸟、拍鸟者，在太鲁阁的放映厅外，大伙碰到一位身着迷彩，驾着大炮的摄鸟者，他给我们秀了秀刚拍到的一只叼着小虫的虎斑地鸫，清晰程度到了"数毛级"，令人赞叹，受到我们一行人的围观，还说，比郭耕高了一个档次，我说哪是一个档次呀，他的这架"大炮"600毫米长焦镜头，价格之昂贵，抵得上一辆汽车，而我手中的高倍一体式相机还不到3000元人民币，我拥有的乃是一种平俗的价位（设备的价格是平民级，谁都买得起），但不俗的是品位（捕捉各种鸟类画面的水平可绝不含糊）。

山椒鸟

台湾黄山雀

［冬季篇］ 护生护育
物不惊扰

在寺庙后院有一片樟木林，我闻讯而至，
拍到了白头鹎与伯劳同在一处的画面，
可惜一远一近、亦实亦虚。
最嗨的是，一只蓝矶鸫，撞进我的镜头，
"好像一只蝴蝶飞进我的窗口"。

夜宿娜鲁湾饭店，估计这家大饭店的名头得益于张惠妹？张惠妹的一首《娜鲁湾情歌》为她的家乡台东县与卑南族争了光、扬了名。12月27日一早，我哼着"娜鲁湾情歌"来到不远的太平溪日光桥，一汪积水、几株杂草，发现一只翅膀受伤的青脚鹬，我迅速拍摄，它反应迅速，急躲而去，其尚具备逃逸能力，让人放心。此情此景，多日之后我才琢磨过来，其实，我也是瞎操心，实际上这只聪明的小涉禽对我施了一个障眼法，假装受伤，耷拉着翅膀，待我走近，便纵身飞去。一树的斑文鸟、叽喳乱飞。白腹鸫、赤腹鸫相继亮相，还有鹎鹛、伯劳、八哥、树鹊、火斑鸠、珠颈斑鸠。

一头黄牛在河滩静静地吃草，几只白鹭围着它，还远见一只八哥站在牛背。待我接近，八哥竟不客气地站到了老牛的头顶，我把这鸟、这鹭、这牛组成的绝妙场面——摄入镜头，背景是壮丽的彩虹般的日光桥，景致宜人不说，回到单位仔细观察图片，同事靳旭、小洪帮我研究鸟图发现，这牛背上的白鹭不是一般的黑腿黑嘴的白鹭，而是黄嘴……啊？竟然是非繁殖期的牛背鹭，为我台湾观鸟又添新种。

一路南行，中午来到佛光山，这是星云大师的驻地，队友肖教授在这里见到了他相隔两岸、别离已久的舅舅、舅妈，一声凄厉的"舅舅"一下就喊到了人心最柔软的部位。其背后的"诸恶莫作，众善奉行"几个大字，也令人过目不忘。在一个公共汽车形状的公厕旁，一片灌丛里，我拍到一只纯色鹪莺。

佛光山道场恢弘，人流如织，强调"人间佛教"，尤其提倡护生，我在石刻花朵为背景的建筑物上，拍摄到台湾多见而大陆罕见的洋斑燕。更不多见的是，在一个寺庙里，各种动物雕塑竟与佛龛佛像，远近咸宜，相得益彰，体现普渡众生、万物有灵的博爱情怀。

在寺庙后院有一片樟木林，我闻讯而至，拍到了白头鹎与伯劳同在一处的画面，可惜一远一近、亦实亦虚。最嗨的是，一只蓝矶鸫，撞进我的镜头，"好像一只蝴蝶飞进我的窗口"。

一面长长的围墙，名为"护生园"，彩绘着丰子恺的《护生画集》中的诗文，与我在麋鹿苑设置的鹿剪影上的护生诗画，不谋而合。这里既有我们共同选用的如"人不害物，物不惊扰，犹如明月，众星环绕"、"见其生不忍见其死，闻其声不忍食其肉，应起忍心，勿贪口腹"、"海不厌深，山不厌高，积德成仁，鸥鸟可召"……更有我没见过的"独立无言解蛛网，放他蝴蝶一双飞"、"慈心感物，有如韶武。龙翔凤集，百兽率舞"、"一年社日都忘了，忽见庭前燕子飞，禽鸟也知勤作室，衔泥带得落花归"、特别是这句"老牛亦是知音者，横笛声中缓步行"，让我想起早晨巧遇老牛与鸟的情景，一诗一画，亦诗亦画，饱受人文与自然的熏陶，获益满满。

次晨，照例独自外出，就近来到台南科技大学的校园，除了寥寥几位晨练之人，就是我这个观鸟者，在这里，所见鸟种不多，但对树端成群的绣眼儿，印象颇深。嫣红绽放的花，引来暗绿的鸟，动物植

物，一花一鸟，相映成趣。尤其是一对儿暗绿绣眼，并立枝头，卿卿
我我，相互梳羽，良久不去，使我得到充足的拍摄机遇，深刻感悟了
"树上的鸟儿成双对，绿水青山带笑颜"歌词的生态蕴涵。

伯劳

[冬季篇] 宝岛盘鸟
感悟多样

2014年台湾的鸟类记录626种，
其中全球仅在台湾能见到的特有鸟种25种，特有亚种58种。
国际观鸟者由此趋之若鹜，
不远万里，朝圣般地赴台观鸟。

马年之末，我从台湾回来后，盘点一周的观鸟成果，并不算多，毕竟一周时间，但基本是利用清晨早起及余暇时间，抽空观鸟，加上水平所限，计有50种，包括：

游禽：斑嘴鸭（台湾称花嘴鸭）、绿头鸭、小䴙䴘、黑番鸭（引入种）；

涉禽：苍鹭、夜鹭、白鹭、牛背鹭、白胸苦恶鸟（台湾称白腹秧鸡）、矶鹬、扇尾沙锥（台湾称花鹬）；

陆禽：环颈雉、火斑鸠（台湾称红鸠）、珠颈斑鸠、山斑鸠；

攀禽：普通翠鸟、黑眉拟啄木（台湾称五色鸟）；

鸣禽：灰喉山椒鸟、红尾伯劳、棕背伯劳、黑卷尾（台湾称大卷尾）、台湾蓝鹊、灰树鹊、喜鹊、麻雀、蓝矶鸫、红尾鸫、白腹鸫、赤胸鸫、八哥、家八哥、林八哥、辉椋鸟（菲律宾椋鸟）、黑领椋鸟、白鹡鸰、灰鹡鸰、纯色鹪莺、斑文鸟、斑鸫、黑枕王鹟、暗绿绣眼、白头鹎、红嘴黑鹎、北红尾鸲、树鹨、洋斑燕、台湾鹎、棕颈钩嘴鹛、白耳奇鹛、台湾黄山雀、杂色山雀。

猛禽虽然见到两次，可惜是在行进的途中，不能停车，所以无法拍摄，更无从辨认。

此番台湾观鸟，应感谢一位后生孙潇潇为我配备了一部2014年才上市的力作《台湾野鸟手绘图谱》，读书行路，按图索"鸡"，才使我一周的台湾观鸟行，胸有成竹。通过这部非常给力的鸟书得知，2014年台湾的鸟类记录626种（而1990年记录为459种，2008年记录为

560种），其中全球仅在台湾能见到的特有鸟种25种，特有亚种58种。国际观鸟者由此趋之若鹜，不远万里，朝圣般地赴台观鸟。

台湾区区一岛，鸟类为何如此丰盛？从地图上可见，台湾位于欧亚大陆的东缘，差不多是一般鸟类可以扩展的临界位置了，此行中，我们沿花莲至台东、台南，顺滨海公路南下，一直濒临浩瀚的太平洋，而台湾海峡又与大陆相望（曾经相连），地处热带亚热带气候及大陆与海洋的交汇点，受欧亚板块与菲律宾板块挤压，以中央山脉为界，峰峦起伏，地形复杂，气候多样。整个宝岛处于鸟类在东亚的迁徙路线上，成就了鸟类及各种动物演化、进化的大舞台。冰河时期台湾与大陆一度相连，许多欧亚物种扩散而来，根据迁徙停留的属性和生态状况，全台鸟类：留鸟130种、候鸟269种、迷鸟157种，同时是留鸟与候鸟的27种、海洋性鸟类27种、引入逃逸鸟16种、台湾特有鸟83种。

在世界8条主要鸟类迁徙路线上，台湾属于东亚澳洲线，因地缘关系，台湾位于岛屿线与大陆线的交叉点，许多鸟类会在这里交叉或变线飞行，也有至此为止的，如白腹鲣鸟，再未有南迁记录。引入逃逸的鸟种虽然增添了台湾的鸟类种数，但未必是好事。我在台北见到成群结队的辉椋鸟，叽叽喳喳、繁盛之极，难免鹊巢鸠占，侵占本土鸟类的生态位。而对我印象颇深的憨头憨脑的"五色鸟"——拟啄木，就出现被引入的白腰鹊鸲霸占巢穴的严重危机……鸟类的知识与话

台湾鹎

题，真是一言难尽，观鸟之乐，更是意趣无穷。

我们北京观鸟会每年都赴台，台湾观鸟会也多次来大陆，民间的交流正在两岸同时进行，莺歌燕舞，燕来雁往，各得其所，正逢其时。观鸟，早已风靡于欧美，在大陆方兴未艾，在台湾如火如荼，它既是健康的全民休闲活动，也将带动户外产业、生态旅游新业态的发展。

查看更多精彩图片！

慕名而来
会鹮嘴鹬

[冬季篇]

鹮嘴鹬，我梦中大鸟，

东北亚分布最东沿——北京的湿地珍禽，

今天，我不但看到你的尊荣，你的倩影，

拍了几百幅图片，可谓拍鹬拍得手抽筋，简直过足了瘾！

虽是寒冬料峭，周末约上三两好友，驱车放风远郊，寻古探幽，尤其是拍鸟观鸟，简直是神仙一般的生活。这周六一早，两位朋友驾驶越野车来接我，一路飞奔，首先拜谒了帽山脚下的"抗战七勇士"之墓。

　　1933年3月11日在长城阻击日寇进犯北平的要道上，发生了一场激战，国军25师146团的7位军人在帽山的八道楼子坚守5天，打死日寇一个连的兵力，创造了二次世界大战中绝无仅有的1∶50的杀敌奇迹，最终七位军人全部壮烈殉国。今年是抗战胜利70周年，来此凭吊，意义非凡！之后，我又将长城抗战纪念碑等一系列1933年发生在北京密云境内的抗日纪念地一一访问。

　　好像在营造一种精卫填海的效果，我在纪念碑的坟冢附近遇见"杜鹃啼血"声声呼唤的很多鸟，红嘴蓝鹊、山噪鹛、黄腹山雀、大山雀等林鸟，回来一统计，竟达30种之多，但此行的目标鸟种不是这些，而是一种叫鹮嘴鹬的涉禽。

　　鹮嘴鹬，大名鼎鼎，前两年曾随我们的观鸟导师高武教授前往怀柔白河峡谷特意去看鹮嘴鹬，但没能得逞，到底这鹮嘴鹬的庐山真面目是啥样子，一直对我是个谜。此行张老师不仅亲自驾车、带路帽山，顺利完成拜谒抗战烈士的任务，更是一口承诺，带我们去看鹮嘴鹬。

　　要说野外看鸟，一般没有几分把握的没有谁敢这么信誓旦旦，手拿把掐地说去看什么。果然，一路上，沿河观望，除了野鸭还是野鸭、绿头鸭、斑嘴鸭、绿翅鸭、罗纹鸭、秋沙鸭，也算收获不菲，于是，我和同行的楚大侠都用安慰的口吻想给张老师留个后路，说没关系，看不到也是很正常的，今天已经很令人满意啦，又拜七勇士，又拍野鸭子。不料，张老师竟然任性地说，不可能没有，假如今天带你们看不到鹮嘴鹬，我还怎样在江湖上混呀，嘿，他还真较劲，那好，我们就跟着混呗。

在一片他说最适合鹮嘴鹬的带石块的湍流河段，我们停车观察。举起望远镜，见到对岸有一只比较大的鸟，忽然一条红色物体晃动，

冠鱼狗

难道是红嘴？我失声喊出"鹦嘴鹬"！可定睛细看，原来是一只斑嘴鸭，她正抬起红色的大腿挠痒痒呢，嘿，简直是"诈唬"。

从中午到下午，我们连午餐都没顾上吃，一路上，多是将着河岸在车里用望远镜观察或伸出相机拍摄，眼看三点半了，山里天黑得早，夕阳西下，黄昏苦短，我们干脆下车了，毕竟整整一下午没找到目标，几乎绝望，也就不那么谨小慎微、怕把观察对象吓跑了。

刚刚在一片芦苇丛前站定，耳畔传来几声奇异的鸣叫，接着飞落一只、又一只大鸟——鹦嘴鹬，望远镜中毫无疑义地展现出我们此行的目标鸟种，我赶忙收起望远镜，以掏枪般的速度掏出我的拍鸟神器——60倍相机，却无论如何也开不了机了，怎么回事，关键时刻掉链子！幸亏我有备用机，回身从车里取来42倍相机，可是，就这么片刻的功夫，两只珍禽躲进了芦苇。尽管我和楚大侠蹑手蹑脚地接近拍摄，还是把这一对鹦嘴鹬惊飞了。

还是张老师技高一筹，经验丰富，远见两鸟飞去落下的身影，告诉我们，更好拍了，过去吧。果然，两只鹦嘴鹬在半是冰雪半是湍流的河对岸落了脚。我们在接近对岸的地方架好机子，它们也不飞走，于是，拍摄，拍摄，拍摄，加上几位及时赶来的影友，耳畔只有快门的连拍声。

两只鹦嘴鹬只是埋头觅食，根本不把我们放在眼里。原来，这里没有绿头鸭之类的"菜鸟"捣乱，它们就变得相当淡定，而与绿头鸭

绿翅鸭

作伴时，人一靠近，鸭子慌张起飞，连带着就会把鹬嘴鹬也忽悠飞了，于是拍摄难度陡然加大，这对野生动物来说倒也是十分有效的联合防御。

余晖里的鹬嘴鹬，格外娇艳，正面的、侧面的，左一张、右一张，喙部滴水的、出水抬腿的、叼食的、张嘴的……甚至楚大侠还拍到鹬嘴鹬飞翔的一瞬。今天，我只拍到罗纹鸭的即将起飞的半个飞翔版和红嘴蓝鹊的完全飞翔版，巾帼不让须眉的楚大侠更是抢到一只黑鹳的飞翔版，身手不凡，可见一斑！

鹬嘴鹬，我梦中大鸟，东北亚分布最东沿——北京的湿地珍禽，今天，我不但看到你的尊荣，你的倩影，拍了几百幅图片，可谓拍鹬拍得手抽筋，简直过足了瘾！

这就是我十分满足的一个美妙周末，慕名前往，满意而归，可谓观鸟日记中的绮丽一页！

查看更多精彩图片！

[冬季篇] 非凡鹦鹉 人鸟奇缘

2015年年初，

一只大绯胸鹦鹉的出现，引起了我们的关注，

但它是何方神圣？怎么腿上还带着链子？以后的命运会如何？

成为南海子麋鹿苑众多鸟兽故事中别具特色的一个，

而且还是进行时。

麋鹿苑的鸟的种类不少，包括一些人工饲养的逃逸者。2015年年初，一只大绯胸鹦鹉的出现，引起了我们的关注，但它是何方神圣？怎么腿上还带着链子？以后的命运会如何？成为南海子麋鹿苑众多鸟兽故事中别具特色的一个，而且还是进行时。

2015年正月初十，忽接一位朋友电话，我当时一愣，平时我们工作上没啥交集呀，她问的事更让我诧异，"昨天你拍到乌鸦追鹦鹉的片子发微博了吧？"我说，"对呀，你咋知道？没听说你也喜欢鸟呀。"她说一位朋友见了，他前些日子丢了一只鹦鹉，很像这只，想联系我，我欣然同意。没过多久，鸟的主人述说了他走失的名为"大葱"的鹦鹉的特征，我仔细对照，应是这只，根据红红的喙部判断，他还是男生呢，但奇特的是，他家在首都机场，这只鹦鹉是怎么百里迢迢来到南海子麋鹿苑，明智地选择了一个如此良好的生态环境安顿下来的呢？

回顾与这只鹦鹉的首次遭遇，还得从2月6日早晨说起，那天一早我像往常一样在苑中观鸟，从麋鹿回归文化园的公爵雕像旁走过，余光瞥见一棵大柳树的顶端有个喜鹊般的大鸟，但不叫也不动，令我起疑，举起望远镜一瞧，目瞪口呆了！竟然是一只绿色的大鹦鹉，拿相机刚要拍，镜头自动缩回，原来是电池没电了，急忙换上一枚备用电池，却是一枚忘记充电的空电池，急人！赶忙把那枚刚用过的电池在腿上搓搓，这是一位摄影师的经验之谈，又装进相机，还真启动了相机，举起机子拍摄树尖的鹦鹉，一着急，虚了，再按快门，实了，再按，镜头又缩回，又没电了！看来是没救啦，回放一看，有一张照片可用！当日，将这唯一的一张绿鹦鹉之图发上了微信。引起网友的一片反响和推测：逃逸？放生？家养？野生？如何抓捕？如何引诱？各种评说，各种主意……它到底是从哪来的呢？之后的几周，我还数次见到了它，并即时地发布消息："大绯胸还健在！"

其实，我对这只不速之客也是忧心忡忡，温度寒冷，会不会把这个热带特有的鸟冻死？枯燥的冬天饥寒交迫，会不会被饿死？不少的本地鸟喜鹊、寒鸦在追逐它，欺生啊！但是，我发现它也非一味被动，一天，我曾见它追得一只野鸭呱呱乱叫，煞是滑稽……而昨午，遇见一只乌鸦把他追得满世界飞逃……恰恰这个场面被我拍到并放到了微博上，这才有了鹦鹉主人出现的时刻。

微博的作用使这只鹦鹉的来源真相大白了，微信则使我和鹦鹉原来的主人成了朋友。我与鹦鹉主人互加微信后，开始了因为一只鸟开始的交往。他说"您看胸口上的白毛，就是我的大葱"。于是，我仔仔细细地放大图片，哇，没注意，果然有一块白毛！

主人丢鸟的这三个月，一直寝食不安，他在去年发到朋友圈的文字是这样描述他的鸟缘的：

"大葱已经从我手上飞走整整24天了，这些天我晚上很难入睡，每天早上7点多都会被一个念头唤醒，该起床去找大葱了。无论在做什么，它都经常会出现在我的眼前，只要看到树，我都会不自觉地抬眼寻找一下大葱是不是在上面。一年多前，这只鹦鹉来到了我们家，几个小时之内他的聪明和顽皮就彻底地把全家人征服了，因此取名大葱。中英文的语言交流，和偶尔冒出的山东话，给我们一家和来访的朋友带来了无数的欢乐，可现在这一切都成了回忆……亲爱的大葱，可能现在你已经在另外一个家庭过着幸福的日子，也可能你现在已经进入天堂脱离了这个世界的苦难和烦恼。无论你在哪，爸爸、妈妈和哥哥都永远爱你，希望你在那边快乐地生活，我们也不会再养一只鹦鹉了，因为谁也代替不了你在这个家里的位置。

看罢全文，我的眼眶不禁湿润了，我理解"大葱"的主人为什么跟我一通电话就说要马上来了，但我告诉他，别来了，来也未必能见到，因为这只鹦鹉的飞翔半径极其广阔。想到这里，我才发现我是不是有些不近情理。

据说"大葱"的主人每天睡醒第一件事就是在网上搜索所有有关鹦鹉的消息，一直没放弃，功夫不负有心人，2月28日竟在我发的微博里见到了这只鹦鹉的信息。

得知这只鹦鹉的出处，我也很兴奋，与"大葱"的主人联系上了之后，从他微信发来的文图得知，他爱大葱就像爱自己的亲生儿子一样。我们在微信里聊天，他说："我们大葱特别聪明，预测世界杯只错了一场！他骂我大坏蛋，自己看电视学的！龚琳娜在我们会所唱歌，大葱还会伴唱……他平常让我摸，在我手上撒娇，可一旦我喝了酒，就不让我碰了，真是个小精灵！"

我发现，几乎所有说到这只鹦鹉"大葱"的语句，"大葱"的主人都用惊叹号！果然，第二天他就来到南海子和麋鹿苑，我因在家写作没有陪同前往，但一直跟他微信联系。当他看到了这里优美的自然环境，当他听了我给他说的有关大葱的种种行为，终于释然了一些：

"哈哈哈，我完全没想到。它竟然能够适应野外生活，还熬过了寒冷的冬天！"

"我来了也就放心了，其实它是否回家并不重要，只要他快乐地生活就好！"

我安慰鹦鹉主人："大葱绝对开心，展翅能飞，张嘴能咬，十分任性！"我怎么也被感染得使上了惊叹号啦？

"我们商量着给他找个母鸟当老婆，这样他就可以在你们园子里过安生日子了！"

"我们也想了，既然大葱找到了，也喜欢这里，不肯回家，最好帮他把脚上的链子拆掉，放归大自然。"

我发现，"大葱"的主人越发地宽心了，就赶紧表示"您境界真高，佩服！""大葱"的主人回答："哪里，我觉得真爱就要放手。但是真的很想再看看它呀。"

"大葱每次到户外都不肯回来，都要要赖！就让它继续过着它喜欢的户外生活吧！"

　　我想，户外，天高任鸟飞，谁不喜欢呀，这次就让它彻底地要赖吧！

观鸟者

后记　摄鸟心得

　　"用相机摄，莫用枪射"！这是我翻译的一句环保警句，原文是
"Shot, with camera, without gun"意为"（shot在英文中译为
摄，但也做射讲）请用相机摄，切莫用枪射"，中英文都很巧妙地用
了同音，但却完全不同的字义。它告诫人们来到自然界，请以审美、
赏识的态度和行为，而非残暴与扼杀的方式对待鸟兽万物，作为众多
环保格言的一条，我把它铭刻在麋鹿苑环园教育径的石椅上，默默地
提醒人们，护生惜物，改善行为。同时，我也以拍摄自然之美、记录
鸟兽的动人瞬间、并将其展现在微信、微博、博客上与大家共赏，坚
持数年，乐此不疲。

　　很多作品虽是偶然之作，却也积累着很多必然的成分。我把观鸟
分为三个意境，一是能见到，二是能认得，三是能拍下。

　　能看到鸟的人，有，但多是大众化的鸟种，像麻雀、喜鹊、乌鸦
等，稀罕种类，甚至不太稀罕的如啄木鸟都视而不见，更多的人只是
把见到大型鸟作为看鸟。记得一次奔湿地，前面一拨往回走的人说，

啥也没有，可我们一去满目都是，为何？他们心目中的鸟是天鹅和鹤一类的，而我们见到的却是大大小小的各种林鸟、水鸟，不胜其数。人与人在同样环境中也会感受不同，所谓心中有鸟，眼中就有，那些人心中就没把小鸟当回事，挑大弃小，自然无所收获。

　　能认得鸟的人更是凤毛麟角，这显现了我们博物学常识的普遍缺失。鸟类的知识，从观鸟的要求，并不高深，一学就会，起码，身边鸟类识别不过十种八种的，尽管简单，就是不懂，或不愿虚心求教，人们大多突破不了这个"隔行如隔山"的藩篱。一旦突破，你会发现身边的世界是如此美妙多彩。你身旁的人，还会感叹，呀，这都认识，显得你是多么的博学多才！更实惠的是"如果学会观鸟，就相当于获得了一张进入自然剧场的门票，而且是终生免费！"这句话是西方的一句观鸟格言。

　　能拍下鸟，是观鸟活动的最高境界，当然，这必须与前一项的能认得鸟相一致，我是从观鸟逐步走到拍鸟。但当下有大量的拍鸟者，俗称"打鸟"的，一味追求拍鸟，鸟种认识的有限不说，最可怕的是以能拍到鸟、能得到一张绝版鸟片为最高要求，全然不在乎对鸟的负面影响有多大，这种单纯追求拍摄效果而无视动物保护的行为，是一种畸形甚至邪恶的举止，只是比拿枪射杀鸟类在程度上稍微轻一些，性质却是大同小异。

　　由于观鸟拍鸟摄动物是我的乐趣和嗜好，所以被朋友笑称是"目中无人"。的确，我的镜头多是对着鸟兽，我拍摄动物的要领、也算自得：一是去人工，尽量剔除人工物；二是有眼神，所摄对象尽量有眼神光；三是抓瞬间，努力抓拍特别瞬间，如飞翔、亲昵等，所以，我在拍摄前往往胸有成竹，设定故事或情节，如鹤鹿同春、相对无语、母子情深……再耐心等待、敏锐抓拍，之后，沙里淘金，必有所得。有人很感兴趣的是我用了什么设备，其实就是一款极普通的高倍一体机，60倍变焦的伸缩头，根本不是单反配长头，价值不足三千，物美价廉，携带方便，走哪带哪，几乎是机不离手。

总的来说，拍摄动物时总令我忘乎所以，沉溺其中，识别种类，求其真；怜惜生境，求其善；抓拍瞬间，求其美。有朋友在网上看了我的照片，以为是凭借了什么昂贵的"无敌兔"一类的设备，非也，我的设备非常廉价，是非常廉价的数码变焦机。

那为什么能拍到如此真切的鸟片呢，就是利用变焦机的高倍优势，把所摄对象拉近，远远地偷窥，把对野鸟野兽的干扰程度降到最低，甚至，好几次都发生野鸟、野兽向我走来的情景，从而获得意外收获，而我估计，这个时候由于我大气都不敢出，稳如泰山，定如枯木，心如止水，一般便是鸟们没有把我当成人的时候。

难道这就是儒家所谓"人定胜天"的"定"的气场？

难道这就是道家所谓的"物我同体"的"同"的层次？

难道这就是佛家所谓"四大皆空"的"空"的境界？

2015年1月于北京

图书在版编目（CIP）数据

鸟瞰／郭耕著. —— 北京：科学普及出版社,2015.8

ISBN 978-7-110-09212-5

Ⅰ.①鸟… Ⅱ.①郭… Ⅲ.①鸟类 – 普及读物 Ⅳ.

①Q959.7-49

中国版本图书馆CIP数据核字(2015)第163769号

策划编辑	杨虚杰
责任编辑	胡　怡
创意总监	林海波
设计制作	林海波
责任印制	马宇晨

出版发行	科学普及出版社
地　　址	北京市海淀区中关村南大街16号
邮　　编	100081
发行电话	010-62103130
传　　真	010-62179148
投稿电话	010-62103136
网　　址	http://www.cspbooks.com.cn

开　　本	889mm×1194mm　1/32
字　　数	154千字
印　　张	8
版　　次	2015年8月第1版
印　　次	2015年8月第1次印刷
印　　刷	北京凯德印刷有限责任公司

书　　号	ISBN 978-7-110-09212-5/Q·191
定　　价	46.00元

（凡购买本社图书，如有缺页、倒页、脱页者，本社发行部负责调换）

二维码轻松三步走

① 用手机扫描本书内文任意二维码，或者用手机浏览器打开：
http://wassk.cn/t/d.htm

② 下载"扫扫看"手机客户端

③ 使用"扫扫看"扫描书中二维码，乐享全新学习体验

关于内容

从射到摄，从关到观，这种人与自然、人与鸟的关系的转变映射出我们文明程度的提高。你若想享受自然，必须学会顺应和尊重自然，《鸟瞰》是作者探索并实现着"天人合一"与"人定胜天"境界的一条具体路径甚至捷径，一旦走上这条路，你就会发现世界如此之美并乐此不疲。来摄鸟吧！人不必很专业，但要专注！设备不必很昂贵，但要特别！或曰：设备，平民价位；作品，达人品味。

关于作者

郭耕，男，1961年1月生于北京，科普作家，中国科普作家协会常务理事，自1994年出版《世界猿猴一览》以来，笔耕不辍，已有20余本动物保护科普著述出版。现任北京麋鹿生态实验中心副主任暨北京南海子麋鹿苑博物馆副馆长，高级经济师。系民革中央人口资源环境专业委员会委员、北京市政协常委、北京政协提案委副主任、北京大兴区政协副主席。

2015年是麋鹿种群回归祖国30周年暨麋鹿科学发现150周年。值此鹤鹿同喜之际，特出本书。

动物联合国，鸟眼瞰世界
郭耕——独幕剧精彩视频